DUMONT

Sam Loyd, der geniale Schöpfer geradezu legendärer mathematischer Rätsel, stellt selbst die kniffeligsten Aufgaben sehr anschaulich dar. Verpackt in unterhaltsame Anekdoten und zusammen mit charmanten Illustrationen werden selbst die härtesten Nüsse zu einem Vergnügen.
Nach ›Elf Männer in zehn Betten‹ folgen nun neue Denksportaufgaben, die Verstand und Fantasie gleichermaßen herausfordern. Der ausführliche Lösungsteil wird mitgeliefert – so macht Mathematik nicht nur Profis Spaß, sondern auch denen, die das noch werden wollen.

Sam Loyd (1841–1911) war Amerikas berühmtester Spiele-Erfinder und Rätselspezialist. Bereits mit zehn Jahren war er ein ausgezeichneter Schachspieler, mit sechzehn wurde er Schachredakteur bei Amerikas führender Fachzeitschrift. Nach 1870 wandte sich Sam Loyd zunehmend mathematischen Denkspielen zu, erfand Rätsel, Gesellschaftsspiele und originelle Werbegeschenke.

Martin Gardner (1914–2010) war ein bekannter Spiele-Erfinder sowie Herausgeber und Verfasser wissenschaftlicher Bücher. Seine ›Relativity for the Million‹ gilt als die brillanteste Erklärung von Einsteins Relativitätstheorie.

Sam Loyd

Vom Küken zum Ei

Noch mehr mathematische Rätsel und Spiele

Herausgegeben von Martin Gardner

Aus dem Englischen von Charlotte Franke

DUMONT

Von Sam Loyd sind im DuMont Buchverlag außerdem erschienen:
Mathematische Rätsel und Spiele
Elf Männer in zehn Betten und andere mathematische Rätsel

FSC
www.fsc.org
MIX
Papier aus verantwortungsvollen Quellen
FSC® C083411

Juli 2015
DuMont Buchverlag, Köln

Die englische Originalausgabe erschien 1960 unter dem Titel ›More Mathematical Puzzles of Sam Loyd‹ bei Dover Publications, New York.

Deutsche Erstausgabe 1979 unter dem Titel ›Noch mehr mathematische Rätsel und Spiele‹
Durchsicht: Dr. Matthias Schramm, Diplom-Mathematiker, und Jochen Fintz, Diplom-Mathematiker
Umschlaggestaltung: Lübbeke Naumann Thoben, Köln
Umschlagabbildung: © 72ppi
Druck und Verarbeitung: CPI books GmbH, Leck
Gedruckt auf säurefreiem und chlorfrei gebleichtem Papier
Printed in Germany
ISBN 978-3-8321-6328-0

www.dumont-buchverlag.de

Einführung

Dieser Band enthält die zweite und letzte Auswahl mathematischer Denkspiele aus Sam Loyds gigantischer *Cyclopedia of Puzzles*, die nach seinem Tod von seinem Sohn herausgegeben und 1914 veröffentlicht wurde. Die beiden nunmehr vorliegenden Sammlungen erschöpfen Loyds Vorrat an mathematischen Glanzstücken durchaus nicht, aber ich glaube, daß sie alle Leckerbissen seiner erstaunlichen Produktion beinhalten, und in jedem Fall reicht der Rest nicht aus, um aus der *Cyclopedia* einen weiteren gleichwertigen Band zusammenzustellen. Auch diesmal wurde der Text wieder aus Gründen der Deutlichkeit und Genauigkeit gründlich überarbeitet, ohne dabei Loyds speziellen stilistischen Eigenheiten Abbruch zu tun. Gelegentlich finden sich in Klammern gesetzte Anmerkungen von mir.

Ich möchte die Leser noch auf das hohe Niveau vieler Aufgaben aus dem Bereich der Algebra hinweisen, die nicht illustriert sind. In der *Cyclopedia* sind die Rätsel meist von humorigen Bildern begleitet, aber da sie nicht der zusätzlichen Verdeutlichung des Textes dienen, wurden sie hier ausgespart, um noch mehr Platz für möglichst viele weitere kurze Aufgaben zu gewinnen. Dazu gehören auch jene, die sich mit Geschwindigkeiten und Entfernungen befassen und besonders schwierig sind und die ich vor allem auch allen Mathematikstudenten, die sich im Rechnen üben wollen, empfehle. Bevor man sich Fragen mit veränderlichen Größen zuwendet, sollten einem gleichbleibende Größen durch und durch vertraut sein; Loyds Rätsel aus diesem Bereich sind ein ausgezeichnetes Training dafür – vorausgesetzt, man versucht sie zu lösen, ohne die Antworten nachzuschauen!

Martin Gardner

Aufgaben

Lewis Carroll's Affenrätsel

1 Was passiert mit dem Gewicht?

Dieses vertrackte Rätsel aus der Mechanik, das zuerst ganz einfach aussieht, soll Lewis Carroll einiges Kopfzerbrechen bereitet haben. Ob es sich der berühmte Autor von »Alice im Wunderland«, der Professor für Mathematik in Oxford war, selbst ausgedacht hat, ist nicht bekannt; jedenfalls bat er in einem unseligen Augenblick um folgende Auskunft:

Wenn man an einem Seil, das über eine Rolle führt, ein Gewicht von 10 Pfund anbringt, zu dem ein Affe am anderen Ende des Seils das Gleichgewicht hält, was passiert dann mit dem Gewicht, wenn der Affe plötzlich am Seil hinaufzuklettern beginnt?

»Es ist höchst merkwürdig«, schrieb Carroll, »wie unterschiedlich die Ansichten verschiedener guter Mathematiker sind. Price sagt, das Gewicht gehe mit zunehmender Geschwindigkeit *hinauf;* Clifton (und Harcourt), daß es im gleichen Verhältnis *hinauf*gehe wie der Affe, während Sampson behauptet, es gehe *herab*.« Ein Ingenieur meint, der Affe bewirke genauso wenig wie eine am Seil hinaufkrabbelnde Fliege, ein anderer Wissenschaftler glaubt, daß »das Gewicht im umgekehrten Verhältnis zu der Geschwindigkeit steigt oder sinkt, mit der der Affe den Apfel ißt«, wovon jedoch erst noch die Quadratwurzel aus dem Affenschwanz abgezogen werden müßte. Im Ernst, dies ist eine wirklich hübsche Aufgabe und gründlicher Überlegung wert, und außerdem macht sie die enge Verbindung zwischen Rätseln und Problemen der Mechanik deutlich.

[Um die Aufgabe zu präzisieren, soll angenommen werden, daß sowohl Seil als auch Rad gewichts- und reibungslos sind. – M.G.]

2 *Das Hängematten-Rätsel*

Sie blicken auf eine grob geknüpfte Hängematte. Wieviel Kordeln muß man mindestens durchschneiden, wenn man die Hängematte von oben nach unten in zwei Teile teilen will? Schnittpunkte dürfen beim Schneiden nicht berührt werden, nur Kordelstücke.

3 *Eierspeise*

»Ich habe für die Eier, die ich beim Lebensmittelhändler gekauft habe, 12 Cents bezahlt«, erklärte der Koch, »aber ich habe ihn überredet, mir zwei Eier extra zu geben, weil sie so klein waren. Dadurch kosteten alle zusammen genau 1 Cent pro Dutzend weniger, als er zuerst verlangt hatte.«

Wieviel Eier hat der Koch gekauft?

Die königliche Art zu lernen

4 *Löse Beppos Probleme.*

Aus historischen Überlieferungen haben wir erfahren, daß Euklid dem König Ptolemaios einmal zu erklären versuchte, wie man einen Kreis unterteilt. Aber der zornige Monarch unterbrach ihn, indem er rief: »Derart langweilige Lehrmethoden ermüden mich, und außerdem weigere ich mich, meinen Kopf mit albernen Lehrsätzen vollzustopfen!«

Darauf erwiderte der große Mathematiker: »Dann bitte ich Eure Majestät gütigst um die Erlaubnis, meinen Posten als königlicher Lehrer niederzulegen, denn nur ein Narr kennt den königlichen Weg zur Mathematik.«

»Da hast du recht, Euk!« mischte sich Beppo, der Hofnarr, ein und bahnte sich einen Weg zur Tafel. »Ich nehme das freundliche Angebot an und werde sogleich zeigen, auf welch einfache Weise die großartigen Gesetze der Mathematik vermittelt werden können, so daß sie sogar von Kindern verstanden und nicht wieder vergessen werden.

Die Philosophen sagen, daß man beim Lernen Spaß haben muß, wenn man nicht alles wieder vergessen will, und daß sich

Wissen nicht mit einer wurmstichigen Keule in den Kopf hämmern läßt. Auf keinen Fall sollte man die Schüler dazu bringen, irgendwelche Regeln auswendig zu lernen. Vielmehr sollte alles so erklärt werden, daß sie hernach fähig sind, die Regeln in eigene Worte zu fassen. Ein Pädagoge, der den Schülern nichts als Regeln beibringt, eignet sich besser für Papageien!

Mit freundlicher Erlaubnis Eurer Majestät werde ich jetzt zeigen, wie man einen Kreis aufteilt, indem ich Tommy Riddles bitte, einmal vorzuführen, in wieviel Stücke sich eine Torte mit sieben geraden Messerschnitten aufteilen läßt.

Außerdem wollen wir, um der Geschichte vom Schwert des Damokles, das an einem einzigen Faden über unseren Häuptern schwebt, noch eine weitere Moral hinzuzufügen und auch, um sie unserem Gedächtnis noch tiefer einzuprägen, die Frage stellen: Warum ist die Klinge dieses Schwertes gebogen?«

»Da ich mit Vergnügen feststelle, daß uns ein Diagramm des berühmten 47. Satzes meines berühmten Vorgängers vorliegt, der beweist, daß das Quadrat der Hypotenuse gleich der Summe der Quadrate der anderen beiden Seiten ist, möchte ich den Erfinder dieses Satzes auffordern, uns zu sagen, wieviel Zaunstangen gleicher Länge erforderlich wären, wenn man damit ein rechtwinkliges dreieckiges Feld begrenzen wollte, dessen eine Seite 47 Zaunstangen lang ist?«

[Mit anderen Worten, finden Sie ein rechtwinkliges Dreieck mit ganzzahligen Seitenlängen, von denen eine 47 mißt. – M. G.]

Der 47. Satz des Clowns wird zweifellos beweisen, daß viele gute Mathematiker im Hinblick auf die hervorragenden Prinzipien des Lehrsatzes des Pythagoras noch einiges werden lernen müssen.

5 *Der gewissenhafte Milchmann*

Zu den täglichen Gepflogenheiten eines gewissenhaften Milchmanns gehörte es, seine zwei 16-Gallonen-Kannen* täglich mit reiner Milch zu füllen, bevor er sich auf den Weg machte, um seine Kunden in vier verschiedenen Straßen zu beliefern, wobei jede Straße die gleiche Anzahl Quart* erhielt.

Nachdem er mit der ersten Straße fertig war, nahm er Verbindung mit der städtischen Wasserversorgung auf, und siehe da, schon waren seine Kannen wieder bis an den Rand gefüllt! Dann erledigte er seine Lieferungen in Straße Nummer zwei und begab sich zurück zur Quelle, um seine Kannen wie gehabt aufzufüllen.

Auf diese Weise versorgte er jede einzelne Straße, und immer wenn er mit einer fertig war, füllte er seine Kannen mit Wasser auf, bis auch der letzte seiner glücklichen Kunden bedient war.

Wenn danach, nachdem er alle Kunden versorgt hatte, in den Kannen noch 40 Quart und 1 Pint reine Milch übrig blieben, wieviel reine Milch ist dann an jede der vier Straßen geliefert worden?

* 1 Gallone = 4 Quart = 8 Pint = 4,55 l (Reichsgallone / Großbritannien) oder = 3,79 l (Winchester-Gallone / USA)

Das Rip van Winkle-Rätsel

6 *Wie kann Rip van Winkle das Spiel gewinnen?*

Das althergebrachte dänische *Kugelspiel,* von dem das moderne Bowling abstammt, wurde mit 13 Kegeln gespielt, die alle in einer Reihe nebeneinander aufgestellt wurden. Mit einem Wurf ließen sich jeweils nur ein oder zwei Kegel umwerfen. Die Kegler standen so dicht bei den Kegeln, daß es keiner großen Fertigkeit bedurfte, irgendeinen gewünschten Kegel oder zwei nebeneinander stehende zu treffen. Die Spieler kegelten abwechselnd, jeder hatte jeweils einen Wurf, und es kam bei dem Spiel darauf an, wer den letzten Kegel umwarf.

Der kleine Mann aus den Bergen, mit dem Rip van Winkle dieses Spiel spielt, hat gerade eine Kugel gerollt und Kegel Nr. 2 umgeworfen. Rip hat nun 22 verschiedene Möglichkeiten weiterzuspielen: irgendeinen der zwölf einzelnen Kegel zu treffen oder auf irgendeinen der zehn Zwischenräume zu zielen, wodurch die zwei danebenstehenden Kegel umfallen. Mit welchem Wurf kann Rip das Spiel am sichersten gewinnen? Es wird vorausgesetzt, daß beide Spieler jeden Kegel oder jedes Kegelpaar, das sie wählen, treffen und daß beide Parteien die jeweils günstigsten Würfe machen.

Der Schweinestall

7 *Verteilen Sie die Schweine auf vier Verschläge.*

Um einmal die Frage nach der Herkunft von Rätseln, die immer wieder gestellt wird, zu beantworten – ob sie gleich einer plötzlichen Intuition spontan auftauchen oder ob sie das Ergebnis langer und sorgfältiger Überlegungen sind –, möchte ich hiermit feststellen, daß sie wie alle anderen Erfindungen auf die eine oder auf die andere Art und Weise entstehen. In beiden Fällen liegt der ursprünglichen Idee jedoch meist irgendein zufälliges Ereignis zugrunde.

Um das zu illustrieren, will ich folgende Geschichte erzählen: Während einer sommerlichen Fahrradtour begegnete ich einem gutmütigen Iren, dessen kleine Hütte wegen seiner Apfelbäume und der kühlen Wasserquelle zu einem wahren »Mekka« für müde Fahrradpilger wurde. Er war ein einmaliger Typ, der stets einen unerschöpflichen Vorrat kluger Antworten auf der Zunge hatte, so daß es nur wenigen von uns gelang, ihn im Wettstreit zu schlagen.

Als ich ihm gegenüber einmal erwähnte, daß wir gewissermaßen verwandt wären, da wir beide unseren Lebensunterhalt mit der Feder verdienten, fragte er mich auf seine ernsthafte Art, ob ich eigentlich wüßte, warum ein Ire vor seinem Wohnzimmerfenster immer einen Schweinestall baut. Nachdem ich alle möglichen Erklärungen, die mir gerade einfielen, abgegeben hatte, flüsterte er mir in vertraulichem Ton, den man über eine Meile weit hören konnte, zu: »Um darin die Schweine zu halten.« Er bat mich, es den anderen aber nicht weiterzuerzählen, denn die hielten es möglicherweise für einen Witz. Während unserer Heimfahrt gab es in unserer Gesellschaft wohl keinen einzigen, der nicht vom Sattel gefallen wäre, während er über Pats Aufgabe nachgrübelte.

Natürlich habe ich mir ebenfalls Gedanken gemacht, und dabei ist mir folgendes »schräge« Rätsel eingefallen: Angenommen, Pat besäße genau 21 Schweine. Und er hielte sie in einem rechteckigen Stall und wollte den Stall durch Zwischenwände derart aufteilen, daß die Schweine auf vier Verschläge verteilt würden, wobei in jeden Verschlag eine gerade Anzahl Paare kämen und in einen der Verschläge zuzüglich ein einzelnes Schwein. Können Sie mir zeigen, wie man das bewerkstelligt?

8 *Das Schwein im Garten*

Das Tor stand offen, und durch das schwarze Feld, das mit einem Pfeil markiert ist, gelangte ein Schwein in den Garten. Das Schwein betrat jedes einzelne Feld des Gartens, bewegte sich dabei jedoch nur im rechten Winkel und verließ den Garten wieder

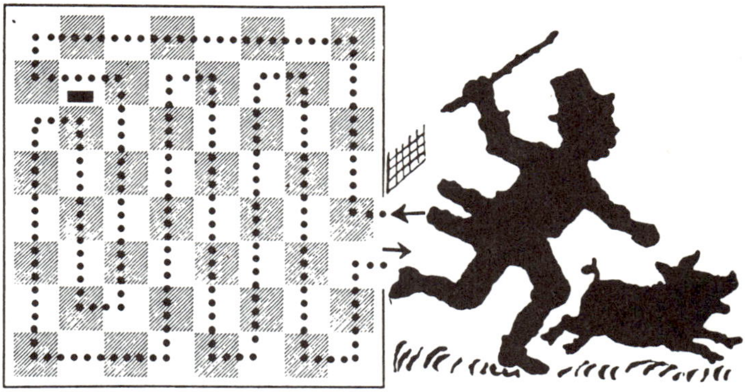

durch das weiße Feld mit dem offenen Tor. Alles in allem bog das Schwein 20mal ab.

Das Rätsel besteht nun darin, den Weg zu finden, auf dem das Schwein so wenig wie möglich abbiegt. Das Schwein muß den Garten durch die gleichen Felder betreten und verlassen wie im obigen Bild, über jedes Feld kommen, darf immer nur im rechten Winkel abbiegen und die schwarze Schranke in der oberen linken Hälfte des Gartens nicht überqueren.

9 *Die fünf Zeitungsjungen*

Fünf kluge Zeitungsjungen bildeten ein Team und entledigten sich ihrer Zeitungen auf folgende Art und Weise: Tom Smith verkaufte eine Zeitung mehr als ein Viertel von allen zusammen, Billy Jones verkaufte eine Zeitung mehr als ein Viertel von denen, die übrig waren, Ned Smith verkaufte eine Zeitung mehr als ein Viertel von denen, die jetzt noch übrig waren, und Charley Jones brauchte eine Zeitung mehr als ein Viertel des Restes. Bis dahin hatten die Smith-Jungen zusammen genau 100 Zeitungen mehr verkauft als die Jones-Jungen. Der kleine Jimmy Jones, der jüngste des Teams, verkaufte nun alle Zeitungen, die noch übrig waren. Die drei Jones-Jungen verkauften mehr Zeitungen als die beiden Smith-Jungen, aber um wieviel mehr?

10 *Wie alt ist Mary?*

Als Begleitstück zu meinem berühmten Rätsel »Wie alt ist Ann?« und um mich bei ihrer Schwester Mary dafür zu entschuldigen, daß ihr anläßlich der öffentlichen Kontroverse über das Alter ihrer Schwester Kränkungen zuteil wurden, präsentieren wir hier nun folgende Aufgabe:

»Also«, bemerkte Großvater, »Mary und Ann sind zusammen 44 Jahre alt, und Mary ist jetzt doppelt so alt wie Ann zu der Zeit, als Mary halb so alt war, wie es Ann sein wird, wenn sie dreimal so alt ist wie Mary, als diese dreimal so alt war wie Ann.«

Wie alt ist Mary?

11 *Der müde Willi*

Der müde Willi, ein Tippelbruder, der schon länger in Joytown weilte, als man ihn dort haben wollte, machte sich zur selben Zeit auf den Weg nach Pleasantville wie Dusty Rhodes von Pleasantville aus nach Joytown. An einem Punkt, an dem Willi bereits 18 Meilen* mehr zurückgelegt hatte als Dusty, trafen sie sich und schüttelten sich brüderlich die Hände. Nachdem sie sich herzlich voneinander verabschiedet hatten, brauchte Willi noch 13½ Stunden bis Pleasantville und Dusty 24 Stunden bis Joytown. Angenommen, beide Tippelbrüder legten ein konstantes, aber unterschiedliches Tempo vor, wie weit wäre Pleasantville dann von Joytown entfernt?

* 1 engl. mile (Meile) = 5280 foot (Fuß) = 1,6 km

Das Mond-Rätsel

12 Wie lang ist das Kabel?

Alles, was mit der Erforschung des Mondes zu tun hat, übt eine ganz besondere, unwiderstehliche Faszination aus. Als Anfang des vorigen Jahrhunderts der berühmte »Mond-Schwindel« auf die Öffentlichkeit losgelassen wurde, zeigte sich, daß die Leute hinsichtlich des Mondes bereit waren, so gut wie alles zu glauben. Der Schwindel stützte sich auf die angeblichen Kräfte eines wunderbaren Fernrohrs, und die Öffentlichkeit stürzte sich mit einer derartigen Leichtgläubigkeit auf die Berichte, daß die Schwindler sich bemüßigt fühlten, farbige Beschreibungen der Mondbewohner und ihrer herrlichen Umgebung abzugeben. Obgleich diese Beschreibungen äußerst extravagant anmuteten, wurden sie von vielen Tausenden Leuten als Tatsache hingenommen.

Über die Verhältnisse auf dem Mond haben schon zahlreiche Autoren Spekulationen angestellt. In *Orlando Furioso* schickte Ariost seinen Astolpho auf einen abenteuerlichen Ausflug zum Mond, und was er im Tal der Verlorenen Dinge zu sehen vorgab, haben viele für bare Münze genommen. Cyrano de Bergeracs

Die andere Welt ist wohl einer der amüsantesten literarischen Beiträge, und eine der neueren Geschichten Jules Vernes von einer Fahrt zum Mond* vielleicht die aufregendste aller Mondgeschichten überhaupt.

Ein ausführlicher Bericht von Edgar Allan Poe wirkte sich auf das Hirn eines studierten Professors namens Spearwood derart aus, daß er eine Expedition ausrüstete und sich doch tatsächlich anschickte, die Reise mit dem Ballon anzutreten. Meine Zeichnung entstand nach einer Beschreibung, die zur Zeit seines Aufstiegs veröffentlicht wurde. Der Ballon ist an einem Drahtknäuel befestigt, der Draht ist 1/100 Zoll** dick. Angenommen, das Drahtknäuel hätte ursprünglich einen Durchmesser von 2 Fuß**, und weiter angenommen, der Draht wäre so fest gewickelt, daß in dem Knäuel kein Platz für Leerräume wäre, kann mir dann irgendeiner unserer Rätselrater sagen, wie lang der Draht insgesamt ist?

In meiner Antwort werde ich erklären, wie die Aufgabe gelöst werden kann, ohne den Wert π zu berücksichtigen.

* *Von der Erde zum Mond* (1865; dt. 1873)

** 1 inch (Zoll) = 2,54 cm; 1 engl. foot (Fuß) = 12 inches (Zoll) = 30,48 cm

13 Die Kugel des Meuchelmörders

Auf dem Bild ist das Zifferblatt einer Uhr zu sehen, das von einer Kugel aus der Pistole eines Meuchelmörders durchschossen wurde. Die Kugel traf das Zifferblatt genau in der Mitte, fuhr durch das Uhrwerk und brachte die Uhr zum Stehen. Dabei traf es sich, daß die beiden Zeiger eine gerade Linie bildeten und in entgegengesetzte Richtungen zeigten, jedoch nicht in der oben dargestellten Position. Es ist klar, daß sich die blockierten Zeiger gedreht haben, denn sie konnten nicht gleichzeitig genau auf 3 und 9 zeigen.

Können Sie mir sagen, wie spät es war, als die Kugel in die Uhr einschlug?

Das Fährboot

14 Wie breit ist der Fluß?

Zwei Fährboote legen zum gleichen Zeitpunkt von entgegengesetzten Ufern des Hudson-Flusses ab, das eine fährt von New York nach Jersey City und das andere von Jersey City nach New York. Das eine Boot fährt schneller als das andere, so daß sie sich an einer Stelle treffen, die 720 Yards* vom nächstgelegenen Ufer entfernt ist.

Nachdem sie ihre jeweiligen Bestimmungsorte erreicht haben, legen beide Boote 10 Minuten lang an, um neue Passagiere aufzunehmen; dann machen sie sich an die Rückfahrt. Die Boote begegnen sich wieder 400 Yards vom anderen Ufer entfernt. Wie breit ist der Fluß?

Diese Aufgabe zeigt, welche Schwierigkeiten der Durchschnittsmensch hat, der sich stur nach den Regeln der Mathe-

* 1 yard = 3 engl. foot (Fuß) = 91,4 cm; 1760 yards = 1 engl. mile (Meile)

matik richtet, wenn es darum geht, auch einmal etwas zu lösen, das nur eine geringe Kenntnis der Elementar-Arithmetik erfordert. Die Aufgabe ist so einfach, daß jedes Kind sie versteht, und doch wage ich die Behauptung, daß von 100 unserer gerissensten Geschäftsmänner ganze 90 nicht in der Lage sind, sie innerhalb einer Woche zu lösen. Soviel, was das Lernen von Mathematik nach sturen Regeln betrifft, anstatt den gesunden Menschenverstand zu gebrauchen, der klar macht, warum etwas so und nicht anders ist!

Das Streichholz-Rätsel

15 *Ordne 13 Streichhölzer so an, daß zehn herauskommt, und 6, daß nichts herauskommt.*

Harry gibt seiner Schwester 13 Streichhölzer und fordert sie auf, diese so anzuordnen, daß sie zehn bilden. Sie wiederum gibt ihm 6 Streichhölzer, die er so hinlegen soll, daß sie nichts ergeben. Diese beiden einfachen Tricks haben nichts mit Mathematik zu tun, aber sie machen den jungen Leuten, die das Prinzip, das dabei anzuwenden ist, nicht kennen, bestimmt Spaß.

Das Rätsel vom Geizhals

16 Wieviel Gold besaß der Geizhals?

Ein gewisser Geizhals hortete, bevor er sich zu Tode hungerte, eine Anzahl 5-, 10- und 20-Dollar-Goldstücke. Er bewahrte sie in fünf Beuteln auf, die völlig gleich waren, insofern als jeder Beutel die gleiche Anzahl 5-Dollar-Stücke enthielt, ebenso die gleiche Anzahl 10-Dollar-Stücke und die gleiche Anzahl 20-Dollar-Stücke.

Der Geizhals zählte seinen Schatz, indem er ihn auf den Tisch schüttete, ihn sodann in vier Häufchen aufteilte, die ebenfalls genau gleich waren, da sie von jeder Münzenart die gleiche Menge enthielten. Zum Schluß nahm er zwei beliebige dieser

Häufchen, tat sie zusammen, und teilte die Münzen dann in drei Häufchen, die auf genau die gleiche Weise übereinstimmten, wie oben bereits erklärt. Nun sollte es eigentlich ein leichtes sein zu sagen, welchen Mindestbetrag an Geld dieser arme alte Mann gehabt haben könnte.

17 Jack Sprat

Nach Angabe von Mutter Goose vertrug Jack Sprat kein Fett und seine Frau kein mageres Fleisch.

Zusammen konnten sie in 60 Tagen eine Tonne fettes Schweinefleisch essen, dagegen brauchte Jack 30 Wochen, um dieses Kunststück allein zuwege zu bringen.

Zusammen konnten sie in 8 Wochen eine Tonne mageres Schweinefleisch verdrücken, auch wenn die Frau allein nicht weniger als 40 Wochen dazu benötigte.

Angenommen, Jack würde immer mageres Schweinefleisch essen, wenn er welches kriegen kann, und seine Frau würde mit fettem genauso verfahren, wie lange würden die beiden dann brauchen, um eine Tonne gemischtes Schweinefleisch zu essen, halb fett und halb mager?

Kreuz und Halbmond

18 Zerschneiden sie den Halbmond, um daraus ein Kreuz zu machen.

So erstaunlich es klingen mag, so ist es doch möglich, den oben gezeigten Halbmond in nur sechs Stücke zu zerschneiden, die, wieder zusammengefügt, ein perfektes griechisches Kreuz bilden. Das Kreuz ist in verkleinerter Form über dem Haupt der Göttin eingezeichnet. Bei der Bildung des Kreuzes ist es erforderlich, eines der Teile umzudrehen. [Beachten Sie die gerade Linie an jeder Ecke des Halbmonds und die Tatsache, daß seine beiden Bögen mit denen eines Kreises gleicher Größe identisch sind. – M. G.]

Schüler-Rätsel

19 *Verlegen Sie einen Kreis, um vier Reihen zu bilden.*

Jenny, das aufgewecktcste kleine Mädchen in der Schule, zeigt ihrem Klassenkameraden Joe ein kluges Rätsel. Nachdem sie sechs kleine Kreise auf den Zaun gemalt hatte, sagte sie: »Jetzt kannst du nur zwei Reihen mit je drei Kreisen in einer Linie sehen. Aber ich will, daß du einen Kreis wegmachst und ihn dann irgendwo anders auf den Zaun malst, so daß vier Reihen mit je drei Kreisen in einer Linie entstehen.«

20 *Baukosten*

Ein Bauherr stellte fest, daß er folgendes würde zahlen müssen:
1100 Dollar an den Tapezierer und den Maler,
1700 Dollar an den Maler und den Installateur,

1100 Dollar an den Installateur und den Elektriker,
3300 Dollar an den Elektriker und den Zimmermann,
5300 Dollar an den Zimmermann und den Maurer,
3200 Dollar an den Maurer und den Maler.

Wieviel berechnet jeder einzelne dieser Männer für seine Arbeit?

Eine Frage der Zeit

21 Wieviel Uhr zeigt das Zifferblatt?

Die meisten Uhren, die vor den Läden von Juwelieren hängen, zeigen, wie in unserem Bild, nicht ganz 20 Minuten nach 8 an. Angenommen, die beiden Zeiger stehen von der 6 genau gleich weit entfernt, wieviel Uhr zeigen sie dann genau?

22 *Jack und Jill*

Hier ist wieder einmal ein hübsches Rätsel von Mutter Goose. Jack und Jill rannten einen Berg rauf und runter, der vom Fuß bis zur Spitze 440 Yards* hoch war. Jack kam als erster oben an, machte sofort kehrt und lief wieder runter. Er traf Jill 20 Yards unterhalb der Spitze. Als er unten ankam, hatte er Jill um eine halbe Minute geschlagen. Die Sache wird dadurch kompliziert, daß beide Läufer bergab um die Hälfte schneller liefen als bergauf. Das Rätsel besteht darin, auszurechnen, wie lange Jack brauchte, um die volle halbe Meile* von 880 Yards zurückzulegen.

Rätsel für einen Milchmann

23 *Füllen Sie für jede der beiden Damen 2 Quart ab.*

Der ehrliche John sagt: »Wenn es um Milch geht, kann mir keiner was vormachen«, aber als ihn die beiden Damen eines Tages um 2 Quart** Milch anhielten, war er doch ziemlich verunsichert. Die eine Dame hatte einen 5-Quart-Kübel und die andere einen 4-Quart-Kübel. John hatte nur zwei 10-Gallonen-Kannen, die beide mit Milch gefüllt waren. Wie füllte er für jede Dame genau 2 Quart Milch ab?

Es handelt sich um einen ganz einfachen Trick, sonst nichts, keine Haken und Ösen, aber man muß schon ganz schön schlau

* 1 engl. mile (Meile) = 1760 yards = 1,6 km
** 1 Gallone = 4 Quart (s. Fußnote zu Aufgabe 5)

sein, wenn man in jeden der beiden Kübel 2 Quart Milch kriegen will, ohne irgendwelche anderen Behälter zu Hilfe zu nehmen, außer natürlich die beiden Kübel selbst sowie die beiden vollen Kannen.

Das Rangierproblem

24 *Wie können die Züge aneinander vorbei?*

Dies ist eine praktische Aufgabe für Eisenbahner. Sie stammt aus den Tagen, in denen die Eisenbahn noch in ihren Kinderschuhen steckte, noch bevor es zweigleisige Strecken, Wendeschleifen und automatische Weichensteller gab. Die gute Dame, die mich mit der Grundidee dieses Rätsels vertraut machte, konnte auf persönliche Erfahrungen verweisen, die sie »neulich« gemacht hatte.

Um die Geschichte mit ihren eigenen Worten zu erzählen: »Wir waren gerade am Rangierbahnhof angekommen, an dem sich die Züge immer begegnen, als wir feststellten, daß der *Limited Express* eine Panne hatte. Ich glaube, der Schaffner sagte, der Schornstein hätte sich erhitzt und wäre geborsten, so daß er nicht mehr ordentlich zog und die Lokomotive in Gang hielt.«

Das Bild zeigt den *Limited Express* mit seinem umgeknickten Schornstein und den anderen Zug aus Wayback, der ihm entgegenkommt und der auf die eine oder die andere Weise an dem liegengebliebenen Zug vorbei muß.

Die Teile der Weiche, die mit A, B, C und D gekennzeichnet sind, sind gerade groß genug, um jeweils einen Wagen oder die Lokomotive aufzunehmen. Natürlich kann sich die kaputte Lok nicht aus eigener Kraft voranbewegen, sondern muß, genau wie ein Wagen, gezogen oder geschoben werden. Die Wagen können einzeln oder aber in beliebig großer Zahl aneinandergehängt gezogen werden, und die Lokomotive kann sowohl mit ihrer Vorder- als auch Rückseite ziehen.

Die Aufgabe besteht darin, den Zug aus Wayback auf günstigste Art und Weise an dem Pannenzug vorbeizurangieren, wobei letzterer mitsamt seinen Wagen auf den geraden Schienen zurückgelassen werden soll und Wagen und Lokomotive in der gleichen Reihenfolge wie vorher stehen und auch in die gleiche Richtung zeigen müssen. Mit »auf günstigste Art und Weise« meinen wir, daß die Lokomotive aus Wayback beim Rangieren so wenig wie möglich Rangierbewegungen ausführen muß.

Um das Rätsel zu lösen, zeichnen Sie zuerst die Schienen auf ein Stück Papier und schneiden sich dann kleine Pappstücke, die die Wagen und die Lokomotiven darstellen, zurecht.

25 *Das fehlende Glied*

Ein Bauer hatte 6 Kettenstücke aus je 5 Gliedern, die er zu einem endlosen Stück aus 30 Gliedern zusammenfügen wollte.

Wenn es 8 Cents kostet, um ein Glied aufzuschneiden, und 18 Cents, um es wieder zusammenzuschweißen, und wenn eine neue endlose Kette für 1 1/2 Dollar* zu haben wäre, wieviel ließe sich dann durch die billigste Methode einsparen?

Pfefferkuchen aus Rätselland

26 Schneiden Sie den Kuchen in zwei Teile und bilden Sie damit ein Quadrat.

Die Verkäuferin zeigt den Kindern ein Stück Pfefferkuchen, der in kleine Quadrate unterteilt ist, die je 1 Penny kosten. Können Sie, wenn Sie entlang der Linien schneiden, den Pfefferkuchen in

* 1 Dollar = 100 Cents

zwei Stücke zerlegen, die sich so zusammensetzen lassen, daß sie ein 8 x 8 großes Quadrat bilden?

[Loyd gibt noch ein zweites Rätsel auf, aber weil der Text recht unvollständig ist, läßt sich nicht klar erkennen, wie die Aufgabe lautet. Eine Antwort ist im Anhang der *Cyclopedia* nicht zu finden, daher besteht keine Möglichkeit, die Frage von der Lösung her zu rekonstruieren. Meiner Meinung nach fordert Loyd die Leser auf, den Pfefferkuchen entlang der Linien zu zerteilen, und zwar so, daß zwei möglichst große Stücke von gleicher Größe und gleicher Form entstehen. Auf jeden Fall ist es ein interessantes Problem. Wir dürfen annehmen, daß zwei Stücke die gleiche Form besitzen, wenn eines herumgedreht und über das andere gelegt werden kann. – M. G.]

27 *Texanische Viehtreiber*

Drei texanische Viehtreiber trafen sich auf der Landstraße und begannen zu feilschen:

Sagt Hank zu Jim: »Ich geb' dir 6 Schweine für 1 Pferd; dann hast du doppelt soviel Tiere in deiner Herde wie ich in meiner.«

Sagt Duke zu Hank: »Ich geb' dir 14 Schafe für 1 Pferd; dann hast du dreimal soviel Tiere wie ich.«

Sagt Jim zu Duke: »Ich geb' dir 4 Kühe für 1 Pferd; dann hast du sechsmal soviel Tiere wie ich.«

Können Sie aus diesen interessanten Tatsachen ersehen, wieviel Tiere zu jeder der drei Herden gehörten?

28 *Tom, der Sohn des Pfeifers*

Nachdem, was Mutter Goose sagt, stahl Tom, der Sohn des Pfeifers, das Schwein und war auf und davon: Als Tom sich in Bewegung setzte und hinter dem Schwein herrannte, stand er genau 250 Yards* südlich von dem Schwein. Beide rannten zur gleichen Zeit los, und das jeweils mit gleichmäßiger Geschwindigkeit. Das Schwein lief genau nach Osten. Anstatt nun auf einer geraden Linie nach Nordosten zu laufen, lief Tom immer direkt auf das Schwein zu.

Angenommen, Tom wäre $1^1/_3$mal schneller als das Schwein, wie weit wäre das Schwein dann gelaufen, bevor er es eingeholt hatte? Die einfache Regel, nach der diese Art Rätsel zu lösen ist, stammt aus der Arithmetik, wird aber den meisten Rätselratern bestimmt neu sein.

29 *Wie alt ist Biddy?*

Biddy war sehr empfindlich, wenn es um ihr Alter ging. Während der letzten vier Jahrzehnte beantwortete sie jede Frage, die sich mit ihrem Erdendasein befaßte, unweigerlich mit folgendem kleinen Vers:

Fünf mal sieben und sieben mal drei,
dazu mein Alter, dann kommt dabei
soviel mehr heraus, ihr werdet's sehn,
als vier und sechs mal die neun,
wie mein doppeltes Alter über zwei mal zehn.
Wer's weiß, der kann sich freun.

Dieser Vers war zweifellos völlig richtig, als Biddy ihn zum ersten Mal aufsagte, können Sie mir aber Biddys gegenwärtiges Alter nennen?

* 1 yard = 91,4 cm

Das Lagerhaus-Rätsel

30 *Für welche Zahlen stehen die Buchstaben?*

Der Besitzer eines Lagerhauses, der so etwas wie ein Rätselnarr ist, hat diese Tafel aufgestellt, um zu sehen, ob sie einer seiner mathematisch begabten Freunde richtig übersetzen kann. Jeder Buchstabe steht für eine Ziffer (gleiche Buchstaben gleiche Ziffern). Die Worte über der waagerechten Linie verkörpern Zahlen, die sich zu »ALL WOOL« addieren. Die Aufgabe besteht darin, für alle Buchstaben die richtigen Ziffern einzusetzen.

Vielleicht sollte hinzugefügt werden, daß der Besitzer des Lagerhauses seinen Code auf zwei [zusammengesetzte] Schlüsselwörter mit je fünf Buchstaben* stützte. Er schrieb einfach ein Wort hinter das andere und gab den Buchstaben dann die Ziffern 1–9, und danach die Null.

* Da es sich bei diesen beiden Schlüsselwörtern um einen amerikanischen Begriff handelt, wird der deutschsprachige Leser die Aufgabe durch »Probieren« lösen müssen.

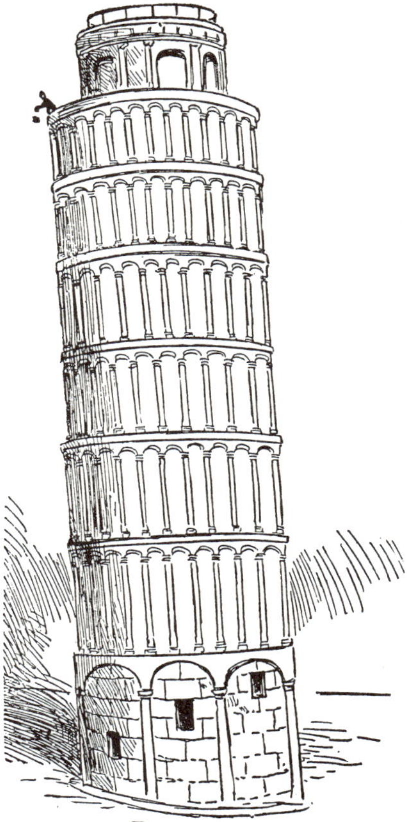

Der Schiefe Turm von Pisa

31 Wie weit fliegt der Ball?

Wenn ein Gummiball vom schiefen Turm von Pisa aus 179 Fuß* Höhe auf den Boden fällt und nach jedem Aufprall genau $^1/_{10}$ seiner vorherigen Höhe hochspringt, welche Entfernung legt er dann zurück, bevor er liegenbleibt?

* 1 engl. foot (Fuß) = 12 inches (Zoll) = 30,48 cm

32 Wieviel Hühner?

»Hör mal, Maria«, sagte Bauer Jones zu seiner Frau, »wenn wir, wie ich vorgeschlagen habe, 75 Hühner verkaufen, dann würde unser Futter genau 20 Tage länger ausreichen, wohingegen es, wenn wir, wie du vorschlägst, 100 Hühner dazukaufen, 15 Tage früher aufgebraucht wäre.«

»Sag mal, Josef«, erwiderte sie darauf, »wieviel Hühner haben wir eigentlich jetzt?«

Das ist das Problem. Wieviel Hühner haben sie?

Polizisten-Rätsel

33 *Machen Sie für Clancy einen besseren Weg ausfindig.*

Hier ist ein Rätsel, das Clancy seit dem Tag, an dem er bei der Polizei anfing, Kopfschmerzen bereitet. Er geht bei den 49 Häusern, die auf dieser Karte eingezeichnet sind, Streife, und stets beginnt und beendet er seinen Rundgang an dem Punkt, auf den sein Stock zeigt. Er soll, bevor er abbiegt, in jeder Straße oder Gasse an einer ungleichen Anzahl Häuser vorbeikommen, und keine Strecke darf zweimal begangen werden.

Die gestrichelte Linie zeigt die Route, der er gefolgt ist. Sie führt ihn an den 28 Häusern vorbei, die auf der Karte weiß eingezeichnet sind. Können Sie Clancy dabei helfen, eine Route zu finden, die mit seinen Anweisungen übereinstimmt und bei der er an soviel Häusern wie möglich vorbeikommt? Wie schon gesagt, der Weg muß an dem Punkt, den der Polizist mit seinem Stock zeigt, beginnen und enden.

Ostern

34 *Drei Probleme, die das griechische Kreuz betreffen*

Es gibt viele interessante Zerlege-Rätsel, die das griechische Kreuz zum Gegenstand haben, das auf dem riesigen Osterei abgebildet ist. Hier sind drei davon:

(1) Zerlegen Sie das Kreuz in vier Teile, die sich zu einem Quadrat zusammenlegen lassen.

(2) Zerlegen Sie das Kreuz in drei Teile, die einen Rhombus ergeben.

(3) Zerlegen Sie das Kreuz in drei Teile, die ein Rechteck bilden, das doppelt so breit wie hoch ist.

Umzugsprobleme

35 *Stellen Sie die Flasche und die Bürste um.*

Das Bild zeigt ein Ehepaar, das gerade in eine gemütliche kleine Sechs-Zimmer-Wohnung umgezogen ist. Die beiden haben fünf große Möbelstücke: Bett, Tisch, Sofa, Kühlschrank und Kommode. Die Stücke sind so sperrig, daß nicht zwei zusammen in einem der Zimmer Platz haben. Nun passierte es jedoch, daß die Möbelpacker den Kühlschrank und das Bett in den falschen Zimmern abstellten. Der Mann und seine gute Frau versuchen seit mehreren Stunden einen Plan auszutüfteln, wie sie die beiden Möbelstücke miteinander austauschen können.

Da der Mann recht systematisch veranlagt war, zeichnete er auf den Tisch einen Plan seiner Wohnung, dann stellte er fünf kleine Gegenstände auf die Felder, die die Möbelstücke darstellen sollten. Die Whiskyflasche soll das Bett sein und die Kleiderbürste der Kühlschrank. Ich fordere Sie auf, diese beiden Stücke miteinander auszutauschen, indem Sie jeweils ein Stück auf ein leeres Feld schieben.

Natürlich gibt es tausendundeine Möglichkeit, diese einfache Aufgabe zu lösen, aber sie muß mit der geringsten Anzahl Bewegungen durchgeführt werden.

36 Hausierer-Pete

Wegen der merkwürdigen Einkäufe einer exzentrischen alten Dame geriet Hausierer-Pete mit seinen Berechnungen total durcheinander. Zuerst kaufte sie Schnürsenkel. Dann kaufte sie viermal soviel Schächtelchen Nadeln und schließlich achtmal soviel Taschentücher wie Schnürsenkel. Alles in allem gab sie 3,24 Dollar* aus, wobei sie für jeden Artikel genauso viele Cents zahlte wie die Anzahl der Artikel, die sie kaufte. Pete möchte gern wissen, wieviel Taschentücher die alte Dame gekauft hat.

37 Wie alt ist Pocahontas?

Bauer Smith und seine Frau haben 15 Kinder, die in einem Abstand von jeweils $1^1/_2$ Jahren geboren wurden. Pocahontas, die Älteste, gibt zu, daß sie achtmal älter ist als John Jr., der Jüngste.

Wie alt ist Miss Pocahontas?

* 1 Dollar = 100 Cents

Das Einspänner-Rätsel

38 Wie groß ist der Umfang der Bahn?

Hier ist wieder eins von den kuriosen und lehrreichen Rätseln, die man am ehesten beim morgendlichen Spaziergang aufliest. Neulich, als ich mit einem Freund durch die Landschaft spazierte, trafen wir dessen Sohn, der auf einem Einspänner saß. Der Wagen legte sich so scharf in die Kurve, daß nicht nur er selbst, sondern auch die Nerven des Vaters arg strapaziert wurden. Als wir wieder zu Hause angelangt waren, gerieten sich Vater und Sohn wegen der Wendeeigenschaften besagten Einspänners heftig in die Haare.

Auf dem Bild sehen Sie, wie der Sohn unter Beweis stellt, daß er den Wagen im Kreis chauffieren kann, ohne ihn in Gefahr zu bringen umzukippen. Die Räder des Wagens sind in der gesetzlich vorgeschriebenen Entfernung von 5 Fuß* an der Achse befestigt, und die äußeren Räder drehen sich doppelt so schnell wie die inneren. Die Aufgabe besteht darin, den Umfang des Kreises festzustellen, den die äußeren Räder vollziehen.

* 1 engl. foot (Fuß) = 30,48 cm

Ein Rätsel mit Essig und Öl

39 *Welches Faß blieb übrig?*

Jedes Faß im Bild enthält entweder Essig oder Öl. Das Öl kostet pro Gallone doppelt soviel wie der Essig. Ein Kunde kauft von beidem für je 14 Dollar*, wonach ein Faß übrigbleibt. Welches?

40 *Der Hut, der sich nicht verkaufen ließ*

Der Inhaber eines Herrenmodengeschäfts, der auf einem Hut zum Preis von 20 Dollar* sitzengeblieben war, bot ihn für 8 Dollar an. Aber auch jetzt kaufte ihn keiner, daher setzte er den Preis noch einmal herunter, und zwar auf 3,20 Dollar, und schließlich auf 1,28 Dollar. Wenn er den Hut noch einmal heruntersetzt, ist er beim Selbstkostenpreis angelangt. Angenommen, er hätte die Preissenkungen nach einem bestimmten System vorgenommen, können Sie mir dann sagen, wie der nächste herabgesetzte Preis lautet?

* 1 Dollar = 100 Cents

Im Puzzleland

41 *Machen Sie die besten Routen ausfindig.*

Tommy Riddles zeigt König Puzzlekopf das berühmte Rätsel vom Londoner Tower. Die fünf Wachen auf dem Plan sind mit den Buchstaben A, B, C, D, E gekennzeichnet. Pünktlich auf einen Böllerschuß hin, der den Sonnenuntergang ankündigt, marschiert Wache A durch Ausgang A, B durch Ausgang B, C durch C, D aus D, während E von seiner gegenwärtigen Wachzelle zu F marschiert. Die Aufgabe besteht nun darin herauszufinden, wie die fünf Wachposten ihren Weg zurücklegen, ohne dabei den eines anderen zu kreuzen. Mit anderen Worten: Jede Route darf nur einmal durch jede Wachzelle führen. Alle Männer gelangen von Wachzelle zu Wachzelle durch die Türen, die auf der Karte eingezeichnet sind. Tommy sagt, die Sache wäre ganz einfach, wenn man einmal wüßte, wie sie funktioniert.

Tommy kennt noch ein anderes Rätsel, das sogar noch besser ist als das eben erklärte. Immer um Mitternacht tritt der Wärter durch das Tor, das mit W gekennzeichnet ist; mit festem Schritt marschiert er durch alle 64 Räume und findet sich am Ende in der schwarzen Kammer wieder, in der angeblich der junge Prinz Edward IV. ermordet wurde*. Nach langer Übung hat der Wärter herausgefunden, wie er diese Strecke zurücklegen kann, ohne irgendeinen der Räume zweimal zu betreten und dabei möglichst selten abzubiegen. Kann einer unserer Rätselrater diese Route ausfindig machen?

Christen und Türken

42 Zählen Sie die Jungen ab.

Alle Rätselrater kennen die uralte Geschichte von den 15 Christen und den 15 Türken, die auf dem Meer in einen Sturm gerieten, worauf der Kapitän beschloß, die Hälfte seiner Passagiere über Bord zu werfen, um das Schiff zu retten. Da er ein gerechter Mann war, der fest daran glaubte, daß keiner benachteiligt werden dürfte, ließ er alle 30 Passagiere in einem Kreis antreten und zählte dann jeden 13. ab, bis er die 15 unglücklichen Todeskandidaten ermittelt hatte. Wie es heißt, war einer der Christen Mathematiker und ein frommer Mann zugleich, der seinerseits glaubte, er wäre von der göttlichen Vorsehung auserwählt, die Gläubigen zu retten und die Ungläubigen zu vernichten. Daher stellte er die 30 Passagiere so im Kreis auf, daß beim Auszählen jeder 13. unweigerlich ein Türke sein mußte.

Dieses berühmte Rätsel kann mit Spielkarten vorgeführt werden, mit 15 roten und 15 schwarzen Karten. Die Aufgabe besteht darin, die Karten in einem Kreis so anzuordnen, daß beim Abzählen jede 13. Karte, die herausgenommen wird, eine schwarze ist. Zur Lösung legen Sie einfach 30 Karten in einen Kreis und nehmen jede 13. Karte heraus, bis nur noch 15 übrig sind. Ersetzen Sie die verbliebenen Karten durch rote. Dann legen Sie an die leeren Plätze schwarze Karten, und das Rätsel ist gelöst!

* Es handelt sich um Edward V. (1470–1483), Sohn Edwards IV. (gest. 1483), den Richard III. im Tower ermorden ließ, um selbst König zu werden.

All dies sollte nur als Einführung zu der Geschichte dienen, die im Bild dargestellt ist. Der Zufall wollte es, daß zehn Kinder – fünf Jungen und Mädchen – auf dem Heimweg von der Schule fünf Pennies fanden. Eigentlich fand ein kleines Mädchen das Geld, aber Tommy Schafskopf bestand darauf, daß der »Fund« allen zusammen gehörte, da sie ja auch alle zusammen da entlanggegangen wären. Er kannte das Rätsel von den Christen und den Türken und dachte sich, es wäre eine tolle Idee, alle Kinder in einem Kreis aufzustellen und jedem der ersten fünf Kinder, die ausgezählt wurden, einen Penny zu geben. Auf dem Bild ist zu sehen, wie Tommy die Mädchen hinstellte. Wenn man bei dem Mädchen ohne Hut, oben im Bild, zu zählen beginnt und im Uhrzeigersinn weitermacht, ist jedes 13. Kind ein Mädchen. Natürlich muß jedes Kind, das ausgezählt wird, den Kreis verlassen, so daß es bei der nächsten Zählung ausgeschlossen ist. Tommys Plan läuft darauf hinaus, die fünf Pennies an die fünf Jungen zu verteilen, allerdings hatte er ganz vergessen, daß sie ja abgemacht hatten, jedem ausgezählten Kind einen Penny zu geben, so daß am Ende alle Mädchen einen Penny erhielten und Tom von den Jungen Prügel bezog.

Die Aufgabe besteht darin, die kleinste Zahl an Stelle der 13 zu finden, mit der Tommy fünf Jungen auszählen könnte. Außerdem müssen Sie den richtigen Ausgangspunkt, von dem aus gezählt wird, finden.

Das Gänse-Rätsel

43 *Zerlegen Sie die Gans in drei Teile, aus denen sich ein Ei von derselben Größe und Form bilden läßt, wie im Bild zu sehen ist.*

44 *Einkaufsbummel*

Onkel Reuben und Tante Cynthia kamen zum Einkaufen in die Stadt. Reuben kaufte sich für 15 Dollar* einen Anzug und einen Hut. Cynthia zahlte für ihren Hut genauso viel wie Reuben für seinen Anzug; dann gab sie den Rest ihres gemeinsamen Geldes für ein neues Kleid aus.

Auf dem Nachhauseweg machte Cynthia Reuben darauf aufmerksam, daß sein Hut 1 Dollar mehr gekostet hätte als ihr

* 1 Dollar = 100 Cents

Kleid. Dann fügte sie hinzu: »Wenn wir das Geld für unsere Hüte anders geteilt und andere Hüte gekauft hätten und meiner $1^1/_2$mal soviel gekostet hätte wie deiner, dann hätten wir jetzt beide den gleichen Geldbetrag ausgegeben.«

»Und wieviel«, fragte Onkel Reuben, »hätte in diesem Fall mein Hut gekostet?«

Können Sie Reubens Frage beantworten und außerdem sagen, wieviel Geld die beiden zusammen ausgegeben haben?

45 *Lisas Pferch*

Wie uns von Mutter Goose bestätigt wird, entdeckte der Zimmermann, der die Schafhürde für Miss Lisa baute, daß sich zwei Pfosten einsparen ließen, wenn er das Feld quadratisch statt rechteckig anlegte.

»In beiden hat die gleiche Anzahl Schafe Platz«, sagte er, »aber beim Quadrat wird für jedes Schaf ein Pfosten benötigt, an dem man es festbinden kann!«

Wieviel Schafe muß es in dieser berühmten Herde gegeben haben? Vorausgesetzt, die Pfosten hatten bei beiden Konstruktionen den gleichen Abstand voneinander und die Grundfläche des quadratischen und des rechteckigen Pferchs wären gleich groß und die Herde bestand aus weniger als drei Dutzend Schafen.

46 *Wie alt ist Fido?*

Charly Schussel war gerade drauf und dran, seiner Freundin einen Heiratsantrag zu machen, als ihr kleiner Bruder mit seinem Hund ins Zimmer kam.

»Das Alter eines Hundes läßt sich nicht an den Ringen in seinem Rücken ablesen«, sagte der vorlaute Bengel, »aber vor fünf Jahren war meine Schwester genau fünfmal so alt wie Fido, und jetzt ist sie nur noch dreimal so alt!«

Charly Schussel wüßte brennend gern, wie alt Fido ist. Können Sie ihm helfen?

Der Eichprüfer und sein Problem

47 *Wieviel wiegt ein Würfel?*

Inspektor Jones, dessen Aufgabe es ist, die Genauigkeit der Waagen, die überall in der Stadt in Gebrauch sind, zu prüfen, hat gerade eine »unehrliche« Waage entdeckt. Ihr einer Arm ist länger als der andere, aber die Waagschalen sind so beschwert, daß sie das Gleichgewicht halten. (Verlassen Sie sich nicht auf die Waage im Bild. Denn ich habe mir, wie es einem Rätselmacher zusteht, erlaubt, keinerlei Hinweis zu geben.)

Als der Inspektor 3 pyramidenförmige Gewichte auf den langen Arm legte, stand sie mit 8 würfelförmigen Gewichten auf dem kurzen Arm im Gleichgewicht. Und als er auf den langen Arm 1 Würfel legte, stand dieser zu 6 Pyramiden auf der anderen Seite im Gleichgewicht! Angenommen, das tatsächliche Gewicht einer Pyramide betrüge 1 Unze*, können Sie mir dann sagen, wie schwer ein Würfel ist?

* 1 engl. ounce (Unze) = 1/12 pound (Pfund) = 31,1 g

Die Feldwache

48 Stellen Sie die 16 Figuren auf.

Hier ist ein seltsames kleines Rätsel, das mit militärischer Taktik zu tun hat und das sich auf einem ganz gewöhnlichen Schachbrett mit 64 Feldern gut durchspielen läßt, wobei die Schachfiguren Soldaten darstellen. Das Rätsel besteht darin, auf dem Brett 16 Schachfiguren so zu verteilen, daß in keiner vertikalen, horizontalen oder diagonalen Reihe mehr als zwei stehen. Noch eine Bedingung gibt es: Die ersten beiden Figuren müssen auf zwei der vier mittleren Felder des Bretts gestellt werden.

Wenn alle 16 Soldaten richtig postiert sind, kann eine Kugel aus jeder beliebigen Richtung nie mehr als zwei Männer auf einmal treffen. Es ist ein recht hübsches und interessantes Rätsel und hat eine gewisse Ähnlichkeit mit dem berühmten Rätsel, bei dem acht Königinnen so auf einem Schachbrett verteilt werden, daß keine von ihnen von einer anderen geschlagen werden kann.

Karussell-Rätsel

49 *Wieviel Kinder befinden sich auf dem Karussell?*

Während Sammy eine Fahrt auf dem Karussell genoß, stellte er folgende Aufgabe: »Wenn man $^1/_3$ der Anzahl Kinder vor mir und $^3/_4$ von denen hinter mir auf dem Karussell zusammenzählt, dann weiß man, wieviel Kinder auf dem Karussell mitfahren.«

Wieviel Kinder waren auf dem Karussell?

50 *Gegen den Wind*

Ein Radfahrer fuhr mit Rückenwind eine Meile* in 3 Minuten und brauchte zurück 4 Minuten gegen den Wind. Angenommen, er trat die ganze Zeit über mit gleicher Kraft in die Pedale, wie lange würde er dann für eine Meile brauchen, wenn kein Wind wäre?

Die Kreuzfahrer

51 *Verwandeln Sie das türkische Emblem in das der Kreuzfahrer.*

Das Bild stellt ein Ereignis dar, das sich während der großen Schlachten zur Zeit der Kreuzzüge abspielte. Es wird berichtet, daß eine Truppe christlicher Ritter eine türkische Festung einnahm und daß sie »die Sarazenen-Soldaten von den Zinnen warfen und vor den Augen der gegnerischen Armeen an den Wänden die Embleme änderten«.

Aus dieser Geschichte scheint hervorzugehen, daß es ganz einfach ist, die türkische Fahne in das Emblem der Kreuzfahrer zu

* 1 engl. mile (Meile) = 1,6 km

verwandeln. Angenommen, die türkische Fahne, die im Bild gezeigt ist, besteht aus einem dunklen Stück Stoff, in das die Form eines Sterns und eines Halbmonds geschnitten und die Löcher mit weißem Stoff unterlegt sind, so daß ein weißes Emblem zustande kommt. Folgende Aufgabe ist gestellt: Schneiden Sie den dunklen Stoff in möglichst wenig Teile, die sich zu einem weißen Emblem mit einem Kreuz zusammenlegen lassen, genauso wie es auf dem Schild des Ritters abgebildet ist.

Die Hundertjahrfeier

52 Ordnen Sie die Ziffern und Punkte so an, daß sie 100 ergeben.

Als man in Philadelphia die Hundertjahrfeier beging, entwarf ich ein kleines Rechenrätsel, das ziemliche Diskussionen auslöste.

Die Aufgabe bestand darin, die zehn Ziffern und vier Punkte so anzuordnen, daß sie Zahlen bildeten, die sich zusammen zu genau 100 addierten. [Andere mathematische Zeichen dürfen nicht verwendet werden, allerdings ist der Hinweis angebracht, daß die Punkte sowohl als Dezimalzeichen* als auch über einer Ziffer verwendet werden können, was bedeutet, daß es sich um eine periodische Dezimalzahl handelt. (Zum Beispiel bedeutet .i, daß sich das Dezimal zu einer endlosen Reihe von Einsern erweitert. Natürlich entspricht das genau $^1/_9$.) – M. G.]

53 Mrs. Wiggs Kohlköpfe

Mrs. Wiggs erklärte der lieben Mary, daß sie jetzt ein größeres quadratisches Kohlbeet habe als im letzten Jahr und daß sie von nun an 211 Kohlköpfe mehr anpflanzen werde. Wer von den Mathematikern und Landwirten unter uns kann daraus ersehen, wieviel Kohlköpfe Mrs. Wiggs in diesem Jahr ernten wird?

* Im Englischen werden die Dezimalstellen von den ganzen Zahlen nicht durch ein Komma, sondern durch einen Punkt getrennt, also: $^1/_2 = 0.5$.

Teilen der Beute

54 Wieviel Kastanien erhielt jedes Mädchen?

Nachdem die drei kleinen Mädchen 770 Kastanien gesammelt hatten, teilten sie sie so auf, daß jede Menge im Verhältnis zu ihrem jeweiligen Alter stand. Jedesmal, wenn Mary 4 Kastanien nahm, nahm Nelli 3, und für 6 von Mary nahm Susi 7. Wieviel Kastanien erhielt jedes Mädchen?

Das einzige ehrliche Spiel am Strand

55 *Schätzen Sie die Höhe des Pfahls.*

Auf diesem Schnappschuß von Coney Island versucht der kleine Junge gerade, den Preis von 10 Dollar zu erringen, indem er an einem mit Fett eingeschmierten Pfahl hinaufklettert. Wenn wir wissen, daß Eisenbahnschienen 4 Fuß* und 8 Zoll breit sind, kann mir bestimmt jemand sagen, wie hoch dieser Pfahl schätzungsweise sein mag!

56 *Von Inverness bis Glasgow*

Um von Inverness nach Glasgow zu gelangen, die 189 Meilen** voneinander entfernt liegen, hatte ich die Wahl zwischen einer Zuckelfahrt in der Eisenbahn oder einer Schaukelpartie in einer alten Postkutsche. Ich wählte die Kutsche, denn sie brauchte 12 Stunden weniger als der Zug. Daraus entstand eines der interessantesten Rätsel aus meinem Globetrotter-Dasein.

* 1 engl. foot (Fuß) = 12 inches (Zoll) = 30,48 cm
** 1 engl. mile (Meile) = 1,6 km

Meine Kutsche fuhr zur gleichen Zeit in Inverness los wie der Zug in Glasgow. Als wir uns unterwegs trafen, waren wir von Invernesse um soviel Meilen weiter entfernt als von Glasgow, wie die genaue Anzahl Stunden, die wir schon unterwegs waren.

Wie weit waren wir von Glasgow entfernt, als wir dem Zug begegneten?

Ein Gänseblümchen-Rätselspiel

57 *Wie kann der zweite Spieler immer gewinnen?*

Im Sommer 1865, als ich mit einer Reisegruppe über die Schneefelder der Schweiz von Altdorf nach Fluelen wanderte, begegneten wir einem kleinen Bauernmädchen, das Gänseblümchen pflückte. Um das Kind zu unterhalten, zeigte ich ihm, wie es etwas über seine Zukunft erfahren konnte, indem es die Blütenblätter einer Blume abrupfte und fragte, ob sein Liebster »ein reicher Mann, ein armer Mann, ein Bettler oder ein Dieb« sein würde. Sie erzählte mir, daß dieses Spiel bei den Bauernmädchen wohlbekannt wäre, nur mit einem Unterschied: Zwei Leute spielten mit, wobei jeder entweder ein einziges Blütenblatt oder zwei nebeneinanderliegende zupfen durfte. Das Spiel wurde, allein oder zu zweit, solange fortgeführt, bis der Sieger das letzte Blatt pflückte und nur noch der Stiel übrigblieb, »die alte Jungfer«, die dem Verlierer gehörte.

Zu unser aller Erstaunen besiegte Klein-Gretchen, die bestimmt nicht älter als zehn war, jeden einzelnen von uns, und zwar jedesmal, egal, wer anfing. Als wir wieder in Luzern waren, wußte ich immer noch nicht, worin der Trick bestand, aber meine Begleiter neckten mich so lange, daß ich beschloß dahinterzukommen.

Zufällig führte mich der Weg ein paar Jahre später wieder in die Gegend von Altdorf, und so besuchte ich den Ort meiner früheren Niederlage. Ich gebe zu, daß es mir ein Vergnügen

wäre, die Geschichte mit einem Schuß Romantik zu würzen, indem ich behauptete, Klein-Gretchen, die sich zu einem wunderschönen Fräulein mit einem phänomenalen Sinn für Mathematik herausgemacht hätte, wiedergetroffen zu haben. Bestimmt habe ich sie auch gesehen, denn die gesamte weibliche Bevölkerung des Dorfes war gerade dabei, auf den Feldern die Herbstsaat zu bestellen. Sie waren alle älter geworden und sahen völlig gleich aus, und ich stellte mir vor, wie ich meine Freundin von früher entdeckte, mit Kuh und Pflug, der von ihrem ehrbaren Ehemann gezogen wurde.

Das Spiel ist im Bild dargestellt: in Form eines Gänseblümchens mit 13 Blütenblättern. Es kann von zwei Personen gespielt werden, die abwechselnd kleine Zeichen auf den Blütenblättern anbringen. Bei jedem Zug darf ein einzelnes Blütenblatt oder zwei nebeneinanderliegende verwendet werden. Wer das letzte Blütenblatt hat, gewinnt, und der »altjüngferliche« Stiel gehört dem Gegenspieler.

Kann uns einer unserer Rätselrater sagen, wer dieses Spiel gewinnt, der erste oder der zweite Spieler, und welches System man verfolgen muß, um zu gewinnen?

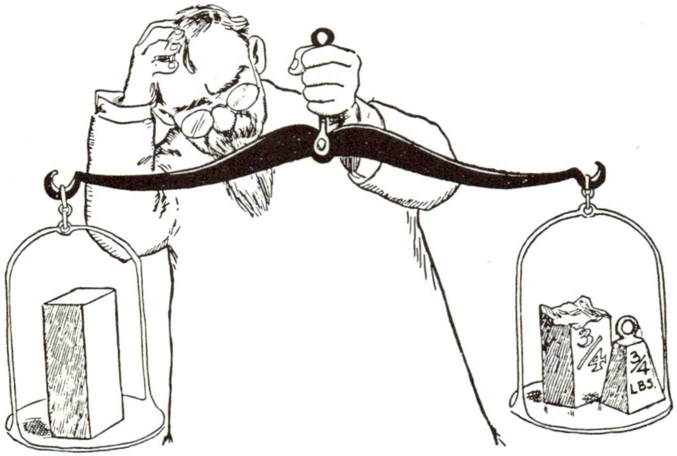

Das Gewicht eines Backsteins

58 *Wieviel wiegt ein Backstein, der zu 3/4 eines Backsteins und 3/4 Pfund im Gleichgewicht steht?*

LBS auf dem Gewicht in der Abbildung ist die Plural-Abkürzung für das engl. Pfund (1 engl. pound [Pfund] = 453,59 g)

59 *Setzen Sie vier Schiffe in Bewegung, um fünf Reihen mit je vier Schiffen zu bilden.*

Die Schlachtschiffe sind hier in zwei Reihen in Position gegangen. Wenn sich der Feind nähert, wechseln vier Schiffe die Stellung und bilden fünf Reihen mit je vier Schiffen. Wie geht das vor sich? Für die Lösung des Rätsels können zehn Münzen verwendet werden.

Eine alte Säge mit neuen Zähnen

60 *Zerschneiden Sie die beiden Stücke und bilden Sie daraus einen Kreis.*

Ein Tischler will eine runde Tischplatte in zwei ovale Schemelplatten verwandeln, die in der Mitte ein Loch zum Hochheben haben.

Bei der Lösung in den Rätselbüchern sind acht Teile erforderlich. Der Kreis wird wie in Fig. 1 geteilt; daraus werden, wie in Fig. 2, die beiden Schemel gebildet.

Nach der von uns entdeckten Methode, die das chinesische Monaden-Symbol zum Gegenstand hat*, kann die Aufgabe mit nur sechs Teilen gelöst werden. Die Aufgabe ist hier in umgekehrter Form gestellt. Teilen Sie jedes der beiden ovalen Stücke in drei Teile und bilden Sie aus den insgesamt sechs Teilen eine runde Tischplatte ohne Löcher.

* vgl. Aufgabe 62

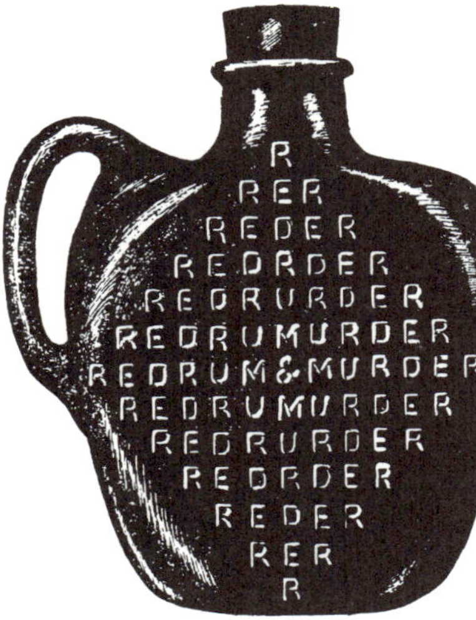

Der kleine braune Krug

61 *Wie oft können Sie »Red Rum & Murder« lesen?*

Früher, als Worträtsel noch in Mode waren, ließ man sich viel einfallen, um Wörter und Sätze zu finden, die sich von hinten genauso gut lesen lassen wie von vorn. Man nennt das ein Palindrom. Es gibt eine ganze Reihe solcher Wörter, zum Beispiel »level«, »eve«, »gig«, die sich sowohl vorwärts als auch rückwärts lesen lassen, aber vor allem war man darauf aus, ganze Sätze zu bilden, wie etwa Adam zu Eva sagt: »Madame, I'm Adam«, oder der Satz: »Name no one man«. Das Palindrom ist häufig alter Herkunft, und es gibt einige klassische Beispiele aus dem Lateinischen und Französischen, die immer wieder zitiert werden.

Im Bild oben ist ein altes Wortumkehr-Rätsel abgebildet, das ich früher einmal für eine Abstinenzlerorganisation verbrochen habe und das die Geduld und die Geschicklichkeit unserer jungen

Rätselrater auf die Probe stellen wird. Die Aufgabe besteht darin festzustellen, wieviel verschiedene Möglichkeiten es gibt, die Warnung »Red Rum & Murder« zu lesen, ohne gleich ins Delirium tremens zu verfallen. Beginnen Sie bei irgendeinem der »R's«, inklusive der im Quadrat selbst, und buchstabieren Sie die Redewendung, indem Sie sich nach oben oder unten, nach rechts oder links oder auch diagonal zum nächsten Buchstaben bewegen.

Das Monaden-Rätsel

62 *Wie sollte das Monaden-Symbol geteilt werden?*

Das große religiöse chinesische Monaden-Symbol wurde bei uns von der Northern Pacific Railway Company als offizielles Firmenzeichen übernommen. Es ist auf den Frachtwagen, Verträgen, Warenzertifikaten, Werbeschriften und Fahrplänen der Firma abgebildet. 1893 sah der Chefingenieur Henry McHenry dieses Symbol auf der Weltausstellung in Chicago auf einer koreanischen Fahne und überredete die Northern Pacific, es als Emblem zu übernehmen. Die interessanteste Geschichte, die ich je darüber gehört habe, erzählte mir P. H. Tighe, der berühmte Baseball-Hersteller, der mir sagte, daß ihn das Monaden-Symbol auf die Idee der zweigeteilten Oberfläche gebracht hätte.

Über das Symbol und diverse Interpretationen seitens der orientalischen Gelehrten sind mehrere Bücher verfaßt worden. In der Regel sind diese Darlegungen ein derartiges Mischmasch aus verschiedenen orientalischer Theologien, daß der Leser das Gefühl bekommt, als handelte es sich um die Beschreibung eines Motors.

Einer der Verfasser, die sich mit diesem Thema auseinandergesetzt haben, vertritt gar die Meinung, daß das Zeichen irgendeine abstruse mathematische Bedeutung besitze, und zitiert alte chinesische Werke, die besagen: »Das Unendliche erzeugt das große Extrem. Das große Extrem erzeugt die beiden Prinzipien.

Die beiden Prinzipien erzeugen die vier Viertel, und aus den vier Vierteln entwickeln wir die Quadratur der acht Diagramme von Feuh-hi.« Dieser Text ist über 3000 Jahre alt und war Anlaß zu folgenden drei Rätseln:

1. Ein einfaches Rätsel für junge Leute: Mit einer kontinuierlichen Linie sollen die schwarzen und weißen Teile der Monade (die als Yin und Yang bekannt sind) so zerlegt werden, daß der Kreis in vier Teile von gleicher Größe und Form zerfällt.

2. Mit einer geraden Linie sollen Yin und Yang so zerlegt werden, daß je zwei Teile von gleicher Grundfläche entstehen.

3. Die beiden hufeisenförmigen Figuren unten im Bild (die eine hell und die andere dunkel) sollen so in je zwei Teile zerlegt werden, daß sich die vier Teile zu einem Monaden-Symbol zusammenfügen lassen.

63 Wie weit ist es bis Piketown?

Ein englischer Reisender durch den Wilden Westen erhielt im Hotel die Auskunft, daß es vier verschiedene Möglichkeiten gäbe, nach Piketown zu gelangen:

1. Er konnte den ganzen Weg mit der Postkutsche zurücklegen. Darin war ein kurzer Zwischenaufenthalt von 30 Minuten an einer Station an der Straße eingeschlossen.

2. Er konnte den ganzen Weg zu Fuß zurücklegen. Wenn er zur gleichen Zeit wie die Kutsche das Hotel verließ, würde ihn die Kutsche bis Piketown um 1 Meile schlagen.

3. Er konnte bis zu dem Stationshaus zu Fuß gehen und dann die Kutsche nehmen. Wenn er und die Kutsche sich zur gleichen Zeit in Bewegung setzten, würde die Kutsche am Stationshaus eintreffen, wenn er 4 Meilen zurückgelegt haben würde. Aber da die Kutsche dort 30 Minuten Aufenthalt hatte, würde er dort gerade rechtzeitig eintreffen, wenn die Kutsche nach Piketown weiterfuhr.

4. Er konnte mit der Kutsche bis zum Stationshaus fahren und dann den Rest des Wegs zu Fuß zurücklegen. Das wäre die schnellste Methode, denn er würde Piketown 15 Minuten vor der Kutsche erreichen.

Wie weit ist es vom Hotel bis Piketown?

Rätselhafte Waage

64 *Wieviel Gläser sind genauso schwer wie die Flasche?*

Reelle Buchführung

65 Wieviel hat die Stadt verdient?

Hier ist ein einfaches Rätsel, das mit Buchführung zu tun hat und eigentlich niemandem Mühe bereiten sollte, der das Prinzip von Gewinn und Verlust versteht. Ich stelle es hier vor, weil es auf einer wahren Begebenheit beruht, wegen der ich zu Rate gezogen wurde. Da alle Parteien des Geschäfts verschiedener Ansicht waren, schien es sich als Rätsel zu eignen.

Eine Abstinenzlerstadt in New Hampshire wählte für ein Jahr einen Vertreter, der als einziger berechtigt war, Alkohol zu verkaufen. Sie schossen ihm 12 Dollar* in bar und Alkoholika im Wert von 59,50 Dollar Einkaufspreis vor. Als er am Ende des Jahres seine Bücher vorlegte, zeigte sich, daß er noch für 283,50 Dollar zusätzlich Alkohol eingekauft hatte. Sein gesamter Umsatz belief sich auf 285,80 Dollar, wofür er eine Verkaufsprovision von 5 % erhielt.

Das Bild zeigt den Vertreter und die städtische Kommission, die am Ende des Jahres den Bestand prüft. Jeder Posten ist mit

* 1 Dollar = 100 Cents

dem Verkaufspreis versehen. Das Rätsel besteht darin, zu errechnen, wieviel die Stadt durch ihr Alkoholverkäufe verdient hat. Dazu gehört natürlich auch, wieviel Prozent der Vertreter auf den Einkaufspreis seiner Ware geschlagen hat, um einen Gewinn zu erzielen.

66 *Die drei Bettler*

Eine wohltätige Dame traf einen armen Mann, dem sie 1 Cent mehr gab als die Hälfte des Geldes in ihrer Geldbörse. Dem armen Kerl, Mitglied der allgemeinen Bettlervereinigung, gelang es, beim Aufsagen seiner Dankessprüche an ihrem Kleid das Zeichen der Organisation für »freigiebig« anzubringen. Das hatte zur Folge, daß sie von nun an noch vielen begegnete, die ihre Wohltätigkeit in Anspruch nahmen.

Dem zweiten gab sie 2 Cents mehr als die Hälfte von dem, was sie noch übrig hatte. Dem dritten gab sie 3 Cents mehr als die Hälfte des Restes. Jetzt besaß sie noch einen Penny*. Wieviel Geld hatte sie am Anfang?

67 *Verworrenes Gerätsel*

Zwei Kinder, die ausrechnen wollten, wieviel Tage eine Woche hatte, und dabei ganz durcheinander gekommen waren, blieben auf dem Weg in die Schule stehen, um die Angelegenheit ins Reine zu bringen.

»Wenn der Tag nach morgen gestern ist«, sagte Priscilla, »dann ist ›heute‹ von Sonntag genauso weit entfernt wie der Tag, der ›heute‹ war, als der Tag vor gestern morgen war!«

An welchem Tag der Woche fand das verworrene Gerätsel statt?

* 1 Penny = 1 Cent

68 *Die Telegraphenmasten*

Als ich neulich eine Autotour machte, kam ich an einer Reihe Telegraphenmasten vorbei, die $3^5/_8$ Meilen* lang war. Mit einer Stoppuhr stellte ich fest, daß die Anzahl Masten, die pro Minute vorbeiflogen, mit $3^5/_8$ multipliziert, der Anzahl Meilen pro Stunde entsprach, die ich zurücklegte. Angenommen, die Masten waren gleich weit voneinander entfernt und ich wäre immer im gleichen Tempo gefahren, wie groß war dann die Entfernung von einem Masten bis zum nächsten?

69 *Der Haken mit den Ungeraden*

Fragen Sie Ihre Freunde, ob sie fünf ungerade Ziffern aufschreiben können, die zusammen 14 ergeben. Es ist wahrhaft erstaunlich, wie sich die meisten Leute dabei verrennen und wieviel Zeit sie zu dieser scheinbar einfachen Aufgabe benötigen. Allerdings müssen Sie unbedingt darauf achten, »Ziffern« zu sagen und nicht »Zahlen«.

Eine Frage über Pfirsiche, Birnen, Datteln und Pflaumen

70 *Wie sind die vier Sorten verteilt?*

Ich kannte einmal einen exzentrischen alten Gärtner, der seine jungen Obstbäume nach einem geheimen Code pflanzte, so daß niemand außer ihm selbst die verschiedenen Baumarten in seinem Obstgarten ausfindig machen konnte. Als Grund dafür gab er an, er würde Veredlungsversuche machen und keinen Wert darauf legen, sich von Besuchern oder Angestellten in die Karten gucken zu lassen.

* 1 engl. mile (Meile) = 5280 foot (Fuß) = 1,6 km

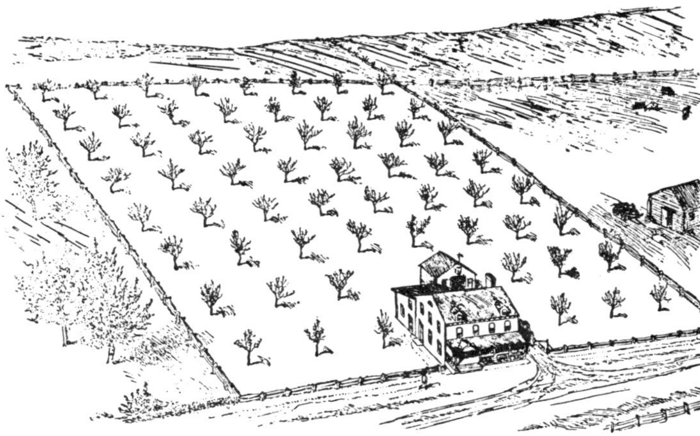

Als ich ihn das letzte Mal sah, hatte er auf dem Feld direkt neben seinem Haus gerade 60 junge Bäume gesetzt, wie Sie im Bild sehen können. Diese 60 Bäume waren Quittenbäume, auf die verschiedene Obstarten aufgepropft worden sind. Er hatte schon immer die Gewohnheit gehabt, je eine Obstsorte so auf zehn Bäume zu pfropfen, daß diese vier gerade Reihen zu je vier bildeten. Er fragte mich, ob ich es für möglich hielt, mit vier verschiedenen Obstsorten auch so zu verfahren – mit Pfirsichen, Birnen, Datteln und Pflaumen –, was mich auf dieses hübsche kleine Rätsel brachte.

Eine gute Methode, sich an das Rätsel zu machen, ist es, auf einem Stück Papier ein 8 x 8 großes Schachbrett aufzuzeichnen. Dann streichen Sie die vier Zellen unten, wo das Gärtnerhaus steht, weg. Für die vier verschiedenen Obstsorten können sie 40 Spielkarten verwenden, zehn von jeder Farbe. Und jetzt sehen Sie zu, ob Sie die 40 Karten so auf die 60 Felder des Schachbretts verteilen können, daß jede Farbe vier gerade Linien mit jeweils vier Karten bildet. Natürlich darf auf jedem Feld immer nur eine Karte liegen.

71 *Mit Schachbrett und Säge*

Dieser geschickte junge Zimmermann bekam zu Weihnachten einen Werkzeugkasten geschenkt und machte sich sofort daran, für Dr. Lasker, den Schachmeister, ein hübsches Schachbrett zu basteln. Dr. Lasker ist zwar ein großer Mathematiker und Rätselspezialist, dazu ein großartiger Schachspieler, ob er aber unsere Rätselrater übertrumpfen kann, wenn es darum geht, die größtmögliche Anzahl unterschiedlicher Teile herauszufinden, die der Zimmermann zum Bau dieses Schachbretts benutzt haben könnte?

Jedes Teilstück muß aus Quadraten bestehen. Ein Stück kann ein einzelnes schwarzes Quadrat sein, das andere ein einzelnes weißes. Nur ein Teilstück darf aus zwei Quadraten bestehen, denn die Stücke aus zwei Quadraten sind alle gleich. Dagegen gibt es von den Stücken aus drei Quadraten vier verschiedene Versionen – eine Reihe mit einem schwarzen Quadrat in der Mitte, eine Reihe mit einem weißen Quadrat in der Mitte, ein Eckstück mit einem schwarzen Quadrat und ein Eckstück mit einem weißen Quadrat. Wenn Sie das Schachbrett in soviel verschiedene Einzelteile wie möglich zerlegt haben, ist das Rätsel gelöst.

Das Rätsel des Kesselflickers

72 *Wie groß ist der Durchmesser der Kesselöffnung?*

Der Kesselflicker im Bild hat gerade einen Kessel mit einem ebenen Boden fertiggestellt, der 12 Zoll* tief ist und genau 25 Gallonen** Wasser faßt. Wie viele unserer Mathematiker können uns (möglichst bis auf einen Zoll genau) sagen, wie groß der Durchmesser des Kesselrandes ist, unter der Voraussetzung, daß der Durchmesser des Kesselbodens die Hälfte beträgt.

* 12 engl. inches (Zoll) = 1 foot (Fuß) = 12 x 2,54 cm = 30,48 cm
** 1 Gallone = 231 Kubikzoll = 3,79 l

Geschichtsprobleme

73 *Ordnen Sie die Bände so an, daß acht unterschiedliche Brüche entstehen.*

Als ich ein kleiner Junge war, machte man mir neun gewichtige Bände von Humes *History of England* zum Geschenk und dazu jede Menge Versprechungen auf Gewehre, Ponys und alles mögliche, wenn ich diese Bücher gründlich studierte. Ich muß gestehen, daß alles, was ich über die Geschichte Englands nicht weiß, mehr als doppelt so viel Platz einnähme wie jede normale Bibliothek, immerhin bin ich aber auf ein paar interessante Rätsel gestoßen, die auf diese gewichtigen Bände zurückgehen.

Zum Beispiel habe ich entdeckt, daß der Bruch ${}^{6729}/_{13458}$ genau ${}^{1}/_{2}$ entspricht, wenn ich die Bände so auf zwei Bücherborde verteile, wie das im Bild der Fall ist. Lassen sich alle neun Bände auf andere Weise anordnen, so daß Brüche entstehen, die ${}^{1}/_{3}$, ${}^{1}/_{4}$, ${}^{1}/_{5}$, ${}^{1}/_{6}$, ${}^{1}/_{7}$, ${}^{1}/_{8}$ und ${}^{1}/_{9}$ entsprechen?

 Die enttäuschten Pensionäre

Eine freundliche Dame, die jede Woche einigen Bedürftigen wohltätig unter die Arme griff, gab ihren Schützlingen zu verstehen, daß jeder 2 Dollar mehr erhalten könnte, wenn es fünf weniger wären. Alle bemühten sich nun, die anderen dazu zu bringen, sich fernzuhalten, aber beim nächsten Mal fanden sich alle wieder ein, und außerdem vier Neue. Als Folge davon erhielt jeder 1 Dollar weniger.

Angenommen, die Dame würde jede Woche den gleichen Geldbetrag verteilen, können Sie dann sagen, wie groß dieser Betrag war?

Der verborgene Reim

75 *Buchstabieren Sie den verborgenen Reim.*

Tommy Riddles lenkte die Aufmerksamkeit des Königs auf eine unheimlich gebildete Lese-Biene. Sie werden sehen, daß jede

Zelle der Bienenwabe einen Buchstaben trägt. Wenn die Biene bei der richtigen Zelle beginnt, sodann von einer zur anderen weiterkriecht, buchstabiert sie die ersten zwei Zeilen eines bekannten Gedichts. Finden Sie den richtigen Weg, auf dem der Reim verborgen liegt?*

76 Lord Rosslyns System

Zwei junge Burschen, die beide die gleiche Summe in bar bei sich hatten, stützten sich beim Einsatz ihrer Rennwetten auf Lord Rosslyns System, wonach auf das schwächste Pferd genauso viel Dollar gesetzt werden, wie die Bahn als Gewinnquote für 1 Dollar offeriert.

Jim tippte auf Kohinoor als Sieger, während Jack ihn auf den zweiten Platz setzte, so daß die beiden unterschiedliche Beträge zu unterschiedlichen Kursen einsetzten, allerdings entsprach der Betrag ihrer Einsätze zusammen der Hälfte ihres gemeinsamen Kapitals. Sie gewannen beide, aber als sie ihre Gewinne kassierten und das Geld zählten, hatte Jim doppelt soviel wie Jack.

Wenn wir uns nun daran erinnern, daß Wetten immer in ganzen Dollar-Beträgen abgeschlossen werden müssen, können Sie dann wohl sagen, wie hoch die Beträge sind, die die beiden Jungen gewonnen haben?

Im Zirkus

77 Was sehen sich die Leute an?

Harry war ein äußerst vorsichtiger junger Mann, der seinen Eintritt für den Zirkus nicht eher zahlte, bis er wußte, wie groß der

* Für deutschsprachige Leser ist der Vers nur bei guten »poetischen« Englischkenntnissen zu finden.

Zirkus war. Er ist hier zu sehen, wie er gerade den Mann am Tor auffordert, ihm zu sagen, wieviel Pferde, Reiter und Tiere der Zirkus besitzt.

Der Wächter am Eingang, der sich ein wenig schämte, daß die magere Auswahl an Herrlichkeiten im Innern des Zeltes den protzigen Darstellungen auf den Plakaten so wenig entsprach, gab vor, die Zahl der verlockenden Attraktionen nicht genau zu kennen. Er erklärte, daß zu den Pferden und Reitern, die zusammen 100 Beine und 36 Köpfe stellten, noch eine Reihe Tiere aus dem afrikanischen Dschungel kämen, wodurch sich die Zahl auf insgesamt 56 Köpfe und 156 Beine erhöhte.

Unsere Leser sind aufgefordert, die Anzahl der Pferde und die Anzahl der Reiter zu nennen, die zum Zirkus gehörten, sowie die Art des Ausstellungsstücks in dem Käfig, der sich links im Bild befindet – anscheinend die größte Attraktion des Zirkus.

Geschäfte im Rätselland

78 Wieviel erhielt der Bauer für seine Melonen?

Im Rätselland werden alle Geschäfte auf der Basis interessanter mathematischer Probleme getätigt. Beispielsweise entledigte sich Bauer Jones seiner Melonen, indem er seinem ersten Kunden genau die Hälfte seines Vorrats plus eine halbe Melone verkaufte. Der zweite Käufer nahm ein Drittel von dem, was noch übrig war, plus eine Drittelmelone. Der nächste Kunde kaufte ein Viertel von dem, was dann noch übrig war, plus eine Viertelmelone. Danach verkaufte Jones ein Fünftel von dem, was er noch hatte, plus ein Fünftel einer Melone. Alle diese Melonen verkaufte er für 1 Dollar das Dutzend. Dann gab er alle Melonen, die er jetzt noch übrig hatte, zu einem Preis von 13 Stück pro Dollar her. Angenommen, der Bauer begann mit weniger als 1000 Melonen, können Sie mir dann sagen, wieviel Geld er insgesamt für seinen Vorrat erhielt?

Der kleine Junge rechts im Bild baut eine Pyramide aus Moschus-Melonen. Er möchte gern zwei dreieckige Pyramiden bauen (das sind Pyramiden, deren Grund- und Seitenflächen gleichseitige Dreiecke bilden), und zwar sollen sie so groß sein, daß er die Melonen beider Pyramiden hernach zusammentun und eine einzige noch größere dreieckige Pyramide bauen kann, ohne daß auch nur eine Melone übrig bleibt. Wie groß müssen seine Pyramiden sein?

[Loyd gibt auf sein Pyramiden-Rätsel keine Antwort. Im Bild baut der Bauernjunge eindeutig eine Pyramide, deren Grundfläche ein Quadrat ist. Wenn Loyd beabsichtigte, nach der Größe von zwei tetraedischen Pyramiden zu fragen, die sich zu einer quadratischen Pyramide vereinigen lassen, dann ist die Antwort leicht. Jede beliebigen zwei tetraedischen Pyramiden mit Seiten aus aufeinanderfolgenden Zahlen lassen sich zu einer quadratischen Pyramide vereinigen (zum Beispiel ein Tetraeder aus 4 Melonen mit einem aus 10 Melonen – mit den Seiten 2 und 3 –, wodurch 14 Melonen zur Verfügung stehen, die eine Pyramide bilden, die auf einem Quadrat aus 9 Melonen basiert).

Wenn Loyds Rätsel richtig gestellt ist, dann ist die einfachste Antwort, daß zwei Haufen aus je 10 Melonen einen Haufen aus 20 Melonen ergeben. Wenn Loyd aber wollte, daß die beiden kleineren Haufen verschieden groß sein sollten, welches ist dann die einfachste Antwort? – M. G.]

Quadratur der Swastika

79 Zerlegen Sie die Swastika in vier Teile, die ein Quadrat bilden.

Das Reste-Rätsel

80 *Zerschneiden Sie den Stoff in drei Stücke, aus denen sich ein Quadrat bilden läßt.*

Die Dame zeigt ein ungerades Stück Stoff, das sie in drei Teile geschnitten haben möchte, die ein Quadrat bilden.

Das Stoffstück könnte auch die auf den beiden Abbildungen unten gezeigte Lage haben, trotzdem läßt sich das Rätsel lösen, indem drei Stücke geschnitten werden.

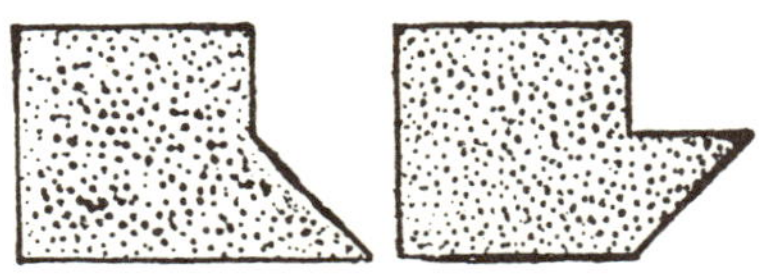

Handelsposten-Rätsel

81 Wieviel Kürbisse büßen die Bauern ein?

Zwei Bauerntölpel, die sich mit einem Morgen Land, der 43 560 Quadratfuß groß ist, nicht auskennen, besprechen gerade ein Geschäft, das sie mit dem Sohn von Bauer Sykes getätigt haben, der gerade frisch vom College kommt. Sie haben mit ihm ihr eigenes Kürbisfeld, das auf der rechten Scheunentür aufgezeichnet ist, gegen sein Kürbisfeld getauscht, das auf dem anderen Scheunentor aufgezeichnet ist. Die beiden Bauern glauben, sie hätten Sykes' Jungen übers Ohr gehauen, weil ihr altes Feld durch weniger Zaunstangen umgrenzt ist als seins.

Wie Sie sehen können, hat ihr alter Besitz 140 Stangen auf der Quer- und 150 auf der Längsseite, was zusammen 580 ergibt. Das Feld, das sie sich gerade eingehandelt haben, weist 110 mal 190 Stangen auf, zusammen also 600. Natürlich hat der Sohn von Bauer Sykes genügend Geometrie gelernt, um zu wissen, daß die

Grundfläche im Verhältnis zum Umfang um so größer wird, je näher ein Rechteck am Quadrat ist, so daß er in diesem Fall tatsächlich ein Feld erhielt, daß ein bißchen größer ist als das Feld, das er dafür hergegeben hat.

Angenommen, auf beiden Feldern wachsen 840 Kürbisse pro Morgen, wieviel Kürbisse pro Morgen ihres alten Ackers verloren die Bauern?

Handel auf den Philippinen

82 *Wieviel wiegen die vier Ringe?*

Neulich stieß ich auf einen alten Reiseführer, der ein paar von den primitiven Methoden beschreibt, nach denen früher einmal auf den Philippinen Geschäfte getätigt wurden. Der fliegende Händler, der im Bild zu sehen ist, verwendet eine Waage und vier Metallringe, die als Gewichte dienen. Die Ringe sind verschieden schwer und verschieden groß, und der Händler trägt sie wie Armreifen.

Mit diesen vier Ringen kann der Händler alles von 1/4 Pfund bis zu 10 Pfund wiegen. Ein ähnlicher Trick mit manipulierten Gewichten ist in vielen Rätselbüchern zu finden, aber kein so kluger wie dieser hier, bei dem der Händler innerhalb der erwähnten Grenzen bis zu 1/4 Pfund an jedes gewünschte Gewicht herankommen kann.

Wie schwer sind die vier Ringe?

83 *Die beiden Uhren*

Ich setzte zwei Uhren gleichzeitig in Gang und stellte fest, daß die eine pro Stunde 2 Minuten nachging und die andere pro Stunde 1 Minute vor. Als ich wieder nach ihnen sah, war es auf der schnelleren genau eine Stunde später als auf der anderen. Wie lange waren die Uhren gelaufen?

Studie mit Eiern

84 Wieviel Eier passen in die Kiste?

Die beiden Hennen wollen wissen, wieviel Eier sie in die Kiste legen können, ohne in einer Reihe mehr als zwei Eier zu haben, womit auch die diagonalen Reihen gemeint sind. Zwei Eier befinden sich bereits im Behälter, so daß auf die betreffende Diagonale, von einer Ecke zur anderen, kein Ei mehr gelegt werden darf.

85 *Beim Cinch verlieren*

Als ich einmal auf dem Dampfer »Bacteria« fuhr, wurde ich in die Geheimnisse des Kartenspiels Cinch eingeführt. Das erste Spiel verlor ich an Baron von D. und Comte de C., die beide genug gewannen, um ihre Chips zu verdoppeln.

Das zweite Spiel gewannen der Baron und ich, wodurch wir unsere Chips verdoppelten. Dann gewannen der Comte und ich das dritte Spiel und verdoppelten unsere Chips. Das Geheimnisvolle an der Situation war nun, daß jeder Spieler zweimal gewonnen und nur einmal verloren hatte und danach alle die gleiche Anzahl Chips besaßen. Ich stellte fest, daß ich 100 Dollar verloren hatte. Mit wieviel Geld hatte ich begonnen?

86 *Wie alt ist der Junge?*

»Wie alt ist der Junge?« fragte der Schaffner. Von dem Interesse geschmeichelt, erwiderte der Mann aus der Vorstadt:

»Mein Sohn ist fünfmal so alt wie meine Tochter, und meine Frau ist fünfmal so alt wie der Sohn, und ich bin doppelt so alt wie meine Frau, und Großmutter, die so alt ist wie wir alle zusammen, feiert heute ihren 81. Geburtstag.«

Wie alt ist der Junge?

87 *Longfellows Bienen*

Der Dichter Longfellow stellt in seinem Roman *Kavanagh* verschiedene kluge mathematische Rätsel aus einem alten in Sanskrit geschriebenen Werk vor. Das folgende ist eines davon:

»Wenn ein Fünftel eines Bienenschwarmes zur Ladamba-Blume flöge, ein Drittel zur Slandbara, und die Differenz dieser beiden Zahlen mal drei flöge zu einer Laube, und eine Biene flöge allein immer weiter umher, hin- und hergerissen zwischen der Fragrant ketaki und der Malati, wieviel Bienen waren es dann insgesamt?«

88 Stammaktien

»Meine Herren«, sagte Chauncy bei der Direktorensitzung, »der gegenwärtige Gewinn aus den Einnahmen würde sich mit 6% auf die gesamten Aktien niederschlagen, aber da wir für die Vorzugsaktien im Wert von 4 000 000 Dollar 7½% Zinsen zahlen, können wir den Stammaktien nur 5% Zinsen zukommen lassen.«

Wieviel waren die Stammaktien wert?

89 Schmutzige Wäsche

Charly und Freddy brachten ihre schmutzigen Kragen und Manschetten, zusammen 30 Stück, in eine chinesische Wäscherei. Als Freddy sein Bündel ein paar Tage später abholte, stellte er fest, daß es die Hälfte der Manschetten und ein Drittel der Kragen enthielt und er 27 Cents zahlen mußte. 4 Manschetten kosteten genauso viel wie 5 Kragen. Wieviel muß Charly für den Rest der Wäsche zahlen?

Das Mähproblem

90 Wie breit muß der Streifen sein?

Mechaniker und Arbeiter, die meist keine großen Mathematiker sind, lösen manche schwierigen Probleme auf höchst praktische Art und Weise. Ich möchte unsere Rätselrater auf die kluge Methode aufmerksam machen, nach der zwei Bauern ihre Angelegenheiten regelten.

Ein Rancher aus Texas, der mehr Land sein eigen nannte, als er bequem zu bewirtschaften vermochte, überließ die Hälfte eines Feldes seinem Nachbarn. Dieses Feld war 2000 Yards* lang und 1000 Yards breit, aber weil es in einigen Streifen eine schlechtere

* 1 yard = 91,4 cm

Bodenkultur aufwies, wurde der Fairness halber beschlossen, das Feld seinem Umfang nach von außen her zu mähen, anstatt es in Hälften zu teilen.

Ich nehme an, unsere Rätselrater haben keine große Schwierigkeit, die Breite eines Randstreifens zu bestimmen, der an den Außenseiten des Felds verläuft und genau die Hälfte der gesamten Ernte enthält. Dazu existiert eine ganz einfache Regel, die auf jedes rechteckige Feld zutrifft.

Rätsel um Großvaters Uhr

91 Wann ist die Uhr stehengeblieben?

Dem bekannten Lied von Großvaters Uhr, die »so groß war, daß sie auf kein Bord paßte und 90 Jahre auf dem Boden stehen mußte«, liegt eine alte Legende zugrunde. Es scheint, daß die Uhr die unheilbare Angewohnheit besaß, immer dann stehenzubleiben, wenn der Minutenzeiger an dem Stundenzeiger vorbeiziehen wollte. Mit fortschreitendem Alter wurde der alte Herr immer reizbarer, und einmal, als die beiden Zeiger wieder zusammengerieten und die Uhr stehenblieb, regte er sich derart darüber auf, daß er tot umfiel.

Man zeigte mir ein Photo von der stehengebliebenen Uhr, auf der die klassische Figur einer Frau die Zeit verkörpert. Dabei fiel mir auf, daß es aufgrund der Tatsache, daß Stunden- und Minutenzeiger übereinanderlagen, möglich sein mußte, aus der Stellung des Sekundenzeigers allein, wie im Bild gezeigt, die genaue Uhrzeit abzulesen.

Bogenschießen

92 *Wieviel Pfeile braucht man, um auf der Zielscheibe genau 100 Ringe zu erzielen?*

Rotkreuz-Freiwillige

93 *Drei weitere Rätsel um das griechische Kreuz*

Hier sind drei sehr hübsche Schneiderätsel, die mit dem griechischen Kreuz zu tun haben, das ein Kreuz aus fünf Quadraten ist, genau wie das Kreuz, das Sie an der Seite des Rotkreuzwagens sehen. Die Rotkreuzschwestern, die im Bild gezeigt sind, haben die Aufgabe, rote Flanellkreuze für die Armbinden der Helferinnen zu schneidern, und da der Vorrat an Flanell sehr begrenzt ist, müssen sie damit unbedingt sparsam umgehen, um ja keinen Stoff unnütz zu verschwenden. Im Verlauf dieser Arbeit ergaben sich folgende Probleme:

(1) Schneiden Sie ein Quadrat in 5 Teile, die, ohne daß etwas übrig bleibt, wieder zusammengesetzt werden und 2 griechische Kreuze *gleicher* Größe ergeben.

(2) Schneiden Sie ein Quadrat in 5 Teile, die sich zu 2 griechischen Kreuzen *verschiedener* Größe zusammensetzen lassen.

(3) Schneiden Sie ein griechisches Kreuz in 5 Teile, die 2 kleinere griechische Kreuze gleicher Größe bilden. Hierbei handelt es sich um eines der hübschesten aller Schneiderätsel, die mit dem griechischen Kreuz zu tun haben.

Querfeldein-Rennen

94 *Wie weit sind die Brücken voneinander entfernt?*

Obgleich die Jungen in die entgegengesetzten Richtungen laufen, gelangen sie beide zu der gleichen Stelle, die in der oberen linken Ecke des Bildes durch die amerikanische Fahne gekennzeichnet ist. Der Junge rechts biegt, wenn er die Brücke erreicht, im rechten Winkel nach links ab, dann überquert er den Kanal und läuft auf der Straße weiter, bis er am Ziel ist. Der Junge links biegt, wenn er eine andere Brücke erreicht, die im Bild nicht zu sehen ist, im spitzen Winkel nach rechts ab. Dann läuft er über das Feld, mitten durch die Kuhherde und weiter in gerader Linie direkt auf die Fahne zu.

Der Junge rechts muß 250 Yards* laufen, bevor er abbiegen kann, dann weitere 600 Yards, bis er die Fahne erreicht. Wenn der gleiche Junge sich umdrehen und den anderen Weg nehmen würde, würde er merken, daß die Entfernung genau gleich ist. Das bedeutet, daß der linke Junge beim Start eine gute Vorgabe

* 1 yard = 91,4 cm

hat, so daß er, wenn er genauso schnell läuft wie der andere Junge, ohne weiteres gewinnen müßte.

Die Aufgabe besteht darin, die Entfernung zwischen den beiden Brücken zu finden. Nehmen Sie an, die Jungen liefen jetzt auf der Kathete eines rechtwinkligen Dreiecks, dessen Endpunkte die beiden Brücken sind, in entgegengesetzter Richtung. Dann wird der linke Junge, nachdem er die nicht gezeigte Brücke erreicht hat, auf der Hypotenuse des rechtwinkligen Dreiecks weiterlaufen.

Die Grazien und die Musen

95 Wieviel Äpfel und Rosen erhielt jede?

Das alte griechische Fragment, in dem davon die Rede ist, wie die Grazien und die Musen ihre goldenen Äpfel und Blumen untereinander aufteilten, ist den verschiedensten Zeitaltern und genauso vielen verschiedenen Autoren zugeschrieben worden. Der mathematische Grundgedanke soll von Euklid und Archimedes stammen, obgleich bekannt ist, daß Homer schon viele Jahrhunderte vorher die Töchter des Zeus mit ihren Rosen und Äpfeln besungen hat.

Wenn ich hier die griechische Originalfassung wiedergeben könnte, wäre die Geschichte für unsere Rätselrater viel klarer, aber sie existiert nicht mehr, und da wir mit griechischen Drucktypen auch nicht gerade übermäßig großzügig ausgestattet sind, bin ich gezwungen, eine gewissermaßen sehr freie Übersetzung zu geben, wobei ich mich aber bemühen werde, so dicht wie möglich am Original zu bleiben. Sie unterscheidet sich ganz wesentlich von der nichtssagenden Version, wie man sie oft in anderen Rätselbüchern findet.

Drei Grazien, jung, rank und schön,
In olympischen Gärten spazieren gehn
Und pflücken Blumen, rosa, weiß, rot und blau,
Die duftend erblühen in Wies und Au.
Da kommen des Wegs neun Musen daher,
Die Körbe mit goldenen Äpfeln schwer,
Von denen sie an die Grazien verteilen,
Welche sich ihrerseits beeilen,
Den Musen zum freundlichen Angedenken
Genauso viele Blumen zu schenken.
Sagt, wenn die Zahl stimmt überein,
Wie groß muß dann jede der Mengen sein?

Um das alles etwas zu verdeutlichen, wollen wir noch hinzufügen, daß es sich um drei Grazien mit Rosen in vier verschiedenen Farben handelte – rosa, weiß, rot, blau –, die den neun Musen mit ihren goldenen Äpfeln begegneten. Jede Grazie gab jeder Muse ein paar Rosen; und dann gab jede Muse jeder Grazie ein paar Äpfel.

Nach diesem Tausch hatte jedes Mädchen die gleiche Anzahl Äpfel, die gleiche Anzahl rote Rosen und die gleiche Anzahl weiße, rosa und blaue Rosen. Darüber hinaus besaß nun jedes Mädchen die gleiche Anzahl Äpfel wie Rosen.

Welches sind die kleinsten Mengen Äpfel und Rosen von jeder Farbe, die diesen Bedingungen entsprechen?

96 *Narrenrätsel*

Wie müssen sich die drei kleinen Jungen hinstellen, damit die Ziffern auf ihren Kleidern eine dreistellige Zahl bilden, die durch 7 teilbar ist?

Aus eins mach zwei

97 *Zerschneiden Sie die Decke und bilden Sie daraus zwei Quadrate.*

Der Mann und die Frau im Bild oben besprechen die Möglichkeit, aus der einen Decke, die gezeigt wird, zwei quadratische Patchwork-Decken zu bilden. Wegen des Quadratmusters kann sie nur entlang der horizontalen und vertikalen Linien, die die

Quadrate bilden, auseinandergeschnitten werden. Die Aufgabe besteht darin, die große Decke in möglichst wenig Stücke zu zerschneiden, die zusammen zwei Quadrate bilden.

98 O'Shaugnessys Besitz

In seiner überschwenglichen Freude auf die Aussicht, in seinem Alter noch glücklicher Vater zu werden, legte O'Shaugnessy das Gelübde ab, zwei Drittel seines Besitzes »dem Jungen« zu vermachen und ein Drittel der Mutter, falls aber »der Junge« ein Mädchen werden sollte, dann würde die Mutter zwei Drittel des Besitzes erhalten und die Tochter ein Drittel. Als sich jedoch herausstellte, daß »der Junge« ein Zwilling war und nunmehr sowohl ein Junge als auch ein Mädchen sowie die Mutter zu berücksichtigen waren, sah sich O'Shaugnessy außerstande, die Bedingungen seines Versprechens der veränderten Situation anzupassen.

Was meinen unsere Freunde, vor allem die Angehörigen der Jurisprudenz, die an derlei Problemen doch stets interessiert sind, was geschehen soll, damit O'Shaugnessys Besitz ordnungsgemäß aufgeteilt wird?

Wie er seine Herde aufteilte

99 *Wieviel Söhne hatte der Rancher?*

Ein Rancher aus dem Westen im fortgeschrittenen Alter trommelte seine Söhne zusammen und teilte ihnen mit, daß er seine Herden noch zu Lebzeiten unter ihnen aufteilen wollte.

»Du, John«, sagte er zu dem Ältesten, »du darfst dir soviel Kühe nehmen, wie du glaubst bequem versorgen zu können, und deine Frau Nancy kann ein Neuntel aller übrigen Kühe behalten.«

Zum zweiten Sohn sagte er: »Sam, du kannst dir die gleiche Anzahl Kühe nehmen wie John, und dazu noch eine extra, weil John sie sich als erster ausgesucht hat. Deiner lieben Frau Sally gebe ich ein Neuntel von denen, die übrig sind.«

Dem dritten Sohn machte er ein ähnliches Angebot. Er sollte eine Kuh mehr haben als der zweite Sohn, und seine Frau sollte ein Neuntel des Rests bekommen. Das gleiche galt für die anderen Söhne. Jeder nahm eine Kuh mehr als sein nächstälterer

Bruder, und die Frau eines jeden Sohnes erhielt ein Neuntel des Restbestands.

Nachdem der jüngste Sohn seine Kühe erhalten hatte, waren für seine Frau keine mehr übrig. Da sagte der Rancher: »Da Pferde doppelt soviel wert sind wie Kühe, werden wir meine sieben Pferde so unter euch aufteilen, daß am Ende jede Familie einen Viehbestand von gleichem Wert besitzt.«

Wieviel Kühe und wieviel Söhne hatte der Rancher?

Die fehlende Zahl

100 Setzen Sie die fehlende Ziffer ein.

Die Chinesen sind wunderbare Zahlenexperten. Der Professor im Bild forderte mich auf, zwei beliebige Zahlen aufzuschreiben, unter der Bedingung, nur die neun Ziffern und Null zu verwenden. Zum Beispiel durfte ich schreiben:

342195
  6087

Jede Ziffer durfte nur ein einziges Mal verwendet werden. Dann sollte ich die beiden Zahlen addieren. Und schließlich forderte er mich auf, sowohl die beiden Zahlen als auch irgendeine beliebige Ziffer aus meiner Addition zu löschen. Der Professor warf nur einen kurzen Blick darauf und nannte mir sofort die fehlende Ziffer.

Auf der Schiefertafel im Bild steht meine Additionssumme. Können Sie mir die fehlende Ziffer nennen und erklären, wieso der chinesische Mathematiker sie so schnell gefunden hat?

Den Rekord einstellen

101 *Wie schnell lief das Pferd?*

Bei einem kürzlich erfolgten Auftritt der Traberkönigin Lou Dillon trat ganz plötzlich ein kurioses kleines Problem auf, das sich für das begrenzte mathematische Wissen der Zeitnehmer als zu schwierig erwies. Wie es aussah, stoppte der eine Zeitnehmer nur die ersten $^3/_4$ einer Meile* und der zweite nur die letzten $^3/_4$.

* 1 engl. mile (Meile) = 1,6 km

Das Pferd lief die ersten $^{3}/_{4}$ in $81^{3}/_{8}$ Sekunden und die letzten $^{3}/_{4}$ in $81^{1}/_{4}$ Sekunden. Angenommen, das Pferd wäre die erste halbe Meile in der gleichen Zeit gelaufen wie die zweite Hälfte, wie viele unserer Rätselrater können mir dann sagen, in welcher Zeit das Pferd die gesamte Meile zurückgelegt hat?

[Loyd gibt für diese Aufgabe keine Lösung an, aber ohne zusätzliche Daten gibt es darauf keine eindeutige Antwort. Vielleicht wurden beim Druck der *Cyclopedia* versehentlich einige Sätze ausgelassen. Um auf Loyds Aufgabe eine eindeutige Antwort zu finden, nehmen wir einfach an, daß die Zeiten für das dritte und letzte Viertel ebenfalls gleich sind. – M. G.]

Der Trick des Königs von Siam

102 *Stellen Sie den Elefanten in die Mitte der Fahne.*

Tommy Riddles, der Hofpage, verkündet, daß der König von Siam (der es auf Prinzessin Enigma abgesehen hat) König Rätselkopf ein Rätsel zeigen möchte, das auf der Fahne seines Landes beruht. Die Aufgabe besteht darin, die Fahne in eine möglichst geringe Anzahl Stücke zu zerschneiden, die wieder so zusammengesetzt werden, daß der weiße Elefant hinterher in der Mitte der Fahne steht.

Im zweiten Rätsel prüft Prinzessin Enigma die Klugheit ihres königlichen Freiers, indem sie ihm einen Plan von ihrem Lieblingsobstgarten zeigt. Darin stehen 8 Apfelbäume und 8 Birnbäume, jeder Baum wird durch eine Frucht dargestellt. Das Rätsel besteht darin: Beginnen Sie bei irgendeiner der 8 Birnen und zeichnen Sie den kürzesten Weg auf, der durch alle 16 Früchte führt und bei dem Herzen endet, auf das die Prinzessin zeigt. Die Zahlen auf den Früchten sollen den Teilnehmern am Wettbewerb nur eine möglichst klare Antwort ermöglichen. Sehen Sie zu, ob Sie eine kürzere Route finden als die, die dem König von Siam eingefallen ist.

103 Wie groß war die Farm?

Bauer Sykes beklagte sich darüber, daß er sich einverstanden erklärt hätte, für seine Farm als jährliche Rente 80 Dollar* in bar und eine ganz bestimmte Anzahl Getreidegarben zu zahlen. Das würde sich, so meinte er, bei einem Getreidewert von 75 Cents pro Bündel auf genau 7 Dollar pro Morgen belaufen. Aber jetzt hatte das Getreide pro Garbe einen Wert von 1 Dollar, so daß er pro Morgen 8 Dollar bezahlte, was er für zuviel hielt.

Wie groß war die Farm?

* 1 Dollar = 100 Cents

104 *Truthahn contra Gans*

Mrs. O'Flaherty kaufte einige Truthähne zu 24 Cents das Pfund und das gleiche Gewicht in Gänsefleisch zu 18 Cents das Pfund. Mrs. Smith sagt zu ihr, daß sie 2 Pfund mehr gekriegt hätte, wenn sie die Regel aus *Ratschläge für Gastwirtinnen* befolgt hätte, die folgendes besagt: »Teilen Sie Ihr Geld zu Weihnachten gleichmäßig zwischen Truthahn und Gans auf.«

Für wieviel Geld hat Mrs. O'Flaherty eingekauft?

105 *Wieviel brachte der Anzug ein?*

»Johnny, mein Junge«, sagte ein erfolgreicher Kaufmann zu seinem kleinen Sohn, »nicht, was wir für die Sachen zahlen, sondern was wir dafür erhalten, ist für uns ein gutes Geschäft. Ich habe an diesem schönen Anzugstoff, den ich gerade verkauft habe, 10% verdient, wenn ich ihn aber 10% billiger gekauft und mit 20% Gewinn verkauft hätte, dann wäre er um 25 Cents billiger gewesen. Was habe ich also für den Stoff gekriegt?«

106 *Wie alt ist Jimmy?*

»Sehen Sie«, sagte Mrs. Murphy, »Paddy ist jetzt $1^1/_3$mal so alt wie zu der Zeit, als er mit dem Trinken anfing, und der kleine Jimmy, der 40 Monate alt war, als Paddy mit Trinken begann, ist jetzt 2 Jahre älter als halb so alt, wie ich es war, als Paddy mit Trinken begann. Wenn also der kleine Jimmy so alt sein wird wie Paddy, als der zu trinken begann, dann sind wir alle drei zusammen genau 100 Jahre alt.«

Wie alt ist der kleine Jimmy?

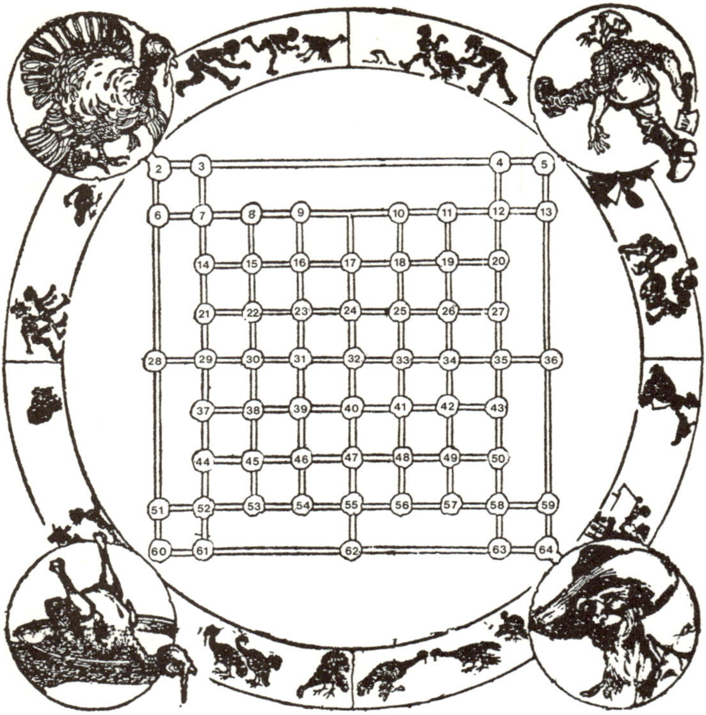

Wie man einen Weihnachtstruthahn fängt

107 *Wie kann der Bauer den Truthahn einfangen?*

Hier haben wir ein hübsches kleines Spiel, das aber auch ein Rätsel ist. Legen Sie eine Spielmarke, die einen Truthahn darstellen soll, auf Feld 7 und eine weitere Spielmarke, die den Bauern darstellt, auf Feld 58. Der eine Spieler spielt den Truthahn, der andere den Bauern. Sie spielen abwechselnd und schieben ihre Figur in einer geraden Linie in jede beliebige Richtung, so weit sie wollen. Wenn eine Figur aber auf einer Reihe anhält, die von dem anderen Spieler bewacht wird, oder wenn sie eine

Reihe übertritt, die bewacht wird, kann sie gefangen werden. Wenn sich der Truthahn beispielsweise zuerst von Feld 7 zu Feld 52 bewegt, kann er sofort vom Bauern gefangengenommen werden. Und wenn sich der Bauer zuerst von 58 zu 4 bewegt, kann er bei Feld 12 von dem Truthahn gefangengenommen werden, weil er eine Reihe überquert hat, die der Truthahn bewacht. Das Ziel des Spiels liegt darin, den Gegner gefangenzunehmen. Egal, wer den ersten Zug macht: Der Bauer kann den Truthahn in jedem Fall gefangennehmen. Welche Strategie muß er verfolgen, um zu gewinnen?

Für ein zweites Rätsel beginnt man wie zuvor mit dem Truthahn auf 7 und dem Bauern auf 58. Der Truthahn bewegt sich nicht. Wie kann ihn der Bauer in 24 Zügen fangen, wobei er jede Zelle des Bretts jeweils immer nur ein einziges Mal berührt? Diese Aufgabe ist ziemlich schwierig.

108 Der Diamantendieb

In einer von Dumas' Geschichten über bemerkenswerte Verbrecher ist von einem ganz bestimmten Juwelier die Rede, der viele Damen von Rang und Namen ihres schönsten Schmucks beraubte. Seine Methode war, den Schmuck gegen Imitationen einzutauschen oder die Lage der Steine so zu verändern, daß es gar nicht auffiel, wenn ein paar fehlten.

Um zu erfahren, wie der Halunke vorging, sehen Sie sich einmal das Bild von der alten Brosche mit den 25 Diamanten an. Die Dame, der sie gehörte, hatte die Gewohnheit, von oben aus gegen die Mitte zu und von da aus nach links, rechts oder weiter bis unten zu zählen. In allen drei Fällen kam genau 13 heraus.

Diese Dame beging den schwerwiegenden Fehler, dem schon erwähnten Juwelier zu gestatten, ihre Brosche zu reparieren. Sie zeigte ihm, wie sie die Edelsteine zu zählen pflegte, und als sie die Brosche zurückerhielt, zählte ihr der Juwelier die Steine höflich vor. Viele Jahre lang zählte die Dame die Diamanten auf die gleiche Art und Weise weiter, wobei sie bei allen drei verschiedenen Möglichkeiten immer auf 13 kam. Und doch waren ihr zwei ihrer schönsten Diamanten gestohlen worden! Wie hatte der berüchtigte Juwelier die Edelsteine angeordnet, um sein Verbrechen zu vertuschen?

109 Rote Bananen

»Wie kommt es«, sagte Mrs. O'Neill zu Clancy, dem mathematisch begabten Polizisten, »daß ich, wenn ich gelbe Bananen zu 30 Cents das Bündel kaufe und die gleiche Anzahl rote Bananen zu 40 Cents das Bündel, zwei Bündel weniger kriege, als wenn ich den gleichen Geldbetrag gleichmäßig zwischen gelben und roten Bündeln aufteile?«

»Welchen Geldbetrag?« fragte Clancy.

»Das würde ich gerne von Ihnen erfahren«, erwiderte Mrs. O'Neill.

Restkäufe

110 *Zerschneiden Sie die beiden Stücke und bilden Sie ein Quadrat.*

Als die Frau von Diakon White ein Stück Linoleum kaufte, bekam sie ein dreieckiges Stückchen umsonst dazu. Mit Unterstützung des guten Diakons bemühte sie sich herauszufinden, wie sie die beiden Stücke zerschneiden mußte, damit sich die einzelnen Teile zu einem Quadrat zusammenfügen ließen. Das geschieht, indem man das große Quadrat in nicht mehr als drei Stücke zerschneidet und das Dreieck in zwei. Dabei spielt ein geometrisches Gesetz eine Rolle, das man nicht in der Schule lernt.

Das Affen-Rätsel

111 *Welches ist für Jocko der kürzeste Weg?*

Tonys Orgel ist zwar reichlich verstimmt, aber sein Stehvermögen unermüdlich, und nichts außer einem Obolus von jeder

einzelnen Person, die im Bild aufgezeichnet ist, könnte ihn dazu verleiten, mit dem Orgeln aufzuhören und sich in ein anderes Stadtviertel zu begeben.

Und nun, da seine Zuhörerschaft endlich bereit ist, zu kapitulieren, können Sie Jocko, dem Affen, vielleicht den kürzesten Weg zeigen, auf dem er von einem Fenster zum anderen gelangt, um seinen kleinen Zinnbecher zum Einsammeln der Spenden herumzureichen. Der Affe muß von der Stelle aus losklettern, an der er sich gerade befindet, und am Ende auf die Schulter seines Herrn zurückkehren.

Wer wird nominiert?

112 *Lösen Sie das Rätsel in möglichst wenig Zügen.*

Bei jeder Präsidentschaftswahl habe ich für die Wahlkampagnen Rätsel zur Verfügung gestellt, und zwar in großen Mengen, die dann im ganzen Land Verbreitung fanden. Im Bild oben ist ein Rätsel zu sehen, das ich mir zur Erinnerung an die Wahl im Jahre 1908 ausgedacht habe. Damals wirbelte es einigen Staub auf.

Jeder Mann auf dem Schachbrett ist ein Präsidentschaftskandidat. Das Ziel ist es, acht Männer wegzunehmen und einen in dem Quadrat in der Brettmitte zurückzubehalten. Das soll in möglichst wenig Zügen geschehen. Ein Zug besteht aus (1) dem Vorrücken eines Mannes auf ein angrenzendes Quadrat, nach oben und unten, nach links und rechts oder auch diagonal; (2) dem Springen eines Mannes, so wie beim Schachspiel, wobei er allerdings auch nach oben und unten, nach rechts und links oder diagonal springen kann. Der übersprungene Mann wird dann aus dem Spiel genommen. Für die neun Männer können Sie Knöpfe oder Münzen verwenden.

Hier ist eine beispielhafte Lösung in 10 Zügen: (1) Fairbanks springt über La Follette; (2) Taft springt über Hughes; (3) Johnson springt über Knox; (4) Taft springt über Johnson; (5) Cannon springt über Taft; (6) Cannon springt über Gray; (7) Fairbanks springt über Cannon; (8) Bryan springt über Fairbanks; (9) Bryan rückt diagonal nach unten und nach rechts; (10) Bryan rückt auf das mittlere Quadrat. Probieren Sie aus, ob Sie das Rätsel in noch weniger Zügen lösen können.

Vom Küken zum Ei

113 *Wie würden Sie dieses kleine Küken in zwei Teile teilen, die sich zu einem Ei zusammenlegen lassen?*

Das Rätsel vom Wilden von Borneo

114 Wie bekommt der Wilde fünf Punkte?

Wir sehen König Puzzlekopf, wie er gerade mit dem Wilden von Borneo beim Würfeln ist. Bei dem Spiel wird ein Würfel in die Luft geworfen; dann zählt der Spieler die Zahl, die oben liegt, mit der Zahl auf irgendeiner der vier Seiten zusammen. Seinem Gegner fällt dann die Gesamtsumme der übrigen drei Seiten zu. Die Zahl auf der Seite, auf der der Würfel liegt, wird nie gezählt. Es ist ein recht einfaches Spiel, wenn auch die Mathematiker über die Vorteile, die derjenige, der würfelt, gegenüber seinem Gegner hat, verschiedener Meinung sind. Das Bild zeigt den Wilden, der gerade einen Wurf tut, mit dem er den König um 5 Punkte schlägt. Das Rätsel hat gelöst, wer zu sagen vermag, welche Zahl oben am Würfel war.

Prinzessin Enigma führte Buch über die Punkte des Wilden, und auf bungalosisch macht sich die Zahl noch viel gewaltiger aus. Wie wir alle wissen, haben die Wilden von Borneo an jeder

Hand nur drei Finger, so daß sie gewöhnt sind, nach dem Sextimalsystem zu zählen, das weder 7 noch 8, noch 9 oder 10 kennt, so wie unser Dezimalsystem. Daher fordern wir unsere Rätselrater auf, im Zuge einer netten kleinen Rechenaufgabe, die Zahl 109778 ins Bungalosische zu übersetzen, damit der Wilde auch weiß, wieviel Goldstückchen er gewonnen hat.

Quadrate

115 *Zerschneiden Sie das Brett, um daraus ein Quadrat zu bilden.*

Der Schreiner hat ein Brett, das genau 81 Quadratzoll* groß ist: Das kleine quadratische Stück, das oben herausragt, ist 1 Zoll lang. Es liegt an einem 16 Quadratzoll großen Quadrat an, das wiederum an einem etwas größeren Quadrat von 64 Quadratzoll anliegt, was zusammen 81 Quadratzoll ausmacht. Der Schreiner möchte eine 9 x 9 Zoll große quadratische Füllung für sein Fenster machen. Wie soll er das Brett in möglichst wenig einzelne Stücke zerlegen, die, neu zusammengesetzt, ein Quadrat bilden?

116 Zwanzig Bonbons

Tommy, Willy, Maggy und Ann kauften für 20 Cents 20 Bonbons. 1 Gummibonbon kostet 4 Cents, 4 Drops kosten 1 Penny** und je 2 Schokobonbons 1 Penny. Wieviel haben die Kinder von jedem gekauft?

Verwirrende Verhältnisse

117 Wieviel Fische fängt jeder Junge?

Hier ist ein kurioses kleines Fischrätsel, das zum Herumexperimentieren geradezu herausfordert, wenn sich so manch ein Mathematiker vielleicht auch schwertun wird, die Sache in den Griff zu kriegen. Fünf Jungen, die wir als A, B, C, D und E bezeichnen wollen, gingen eines Tages zum Angeln. A und B fingen zusammen 14 Fische, B und C 20, C und D 18, D und E 12, und A und E fingen jeder die gleiche Anzahl Fische.

Die fünf Jungen teilten ihren Fang dann auf folgende Art und Weise auf: C legte seinen Fang mit dem von B und D zusammen; dann nahm jeder von ihnen ein Drittel. Alle anderen vier Jungen taten nun genau das gleiche wie C, das heißt, jeder legte

* 1 engl. inch (Zoll) = 2,54 cm
** 1 Penny = 1 Cent

seinen Fang mit dem von zwei anderen zusammen, und dann wurde die Summe in drei Teile geteilt. D tat sich mit C und E zusammen, E mit D und A, A mit E und B und B mit A und C. In allen fünf Fällen ging die Teilung durch drei glatt auf, so daß es nicht nötig war, einen Fisch zu zerlegen. Am Ende waren alle Fische gleichmäßig auf die fünf Jungen verteilt.

Jack und die Kiste

118 *Die Außenseiten der Kiste, die dem Clown gehört, ergeben ein unregelmäßiges Sechseck. Können Sie das Sechseck in zwei Teile schneiden und daraus ein Quadrat bilden?*

Das Geheimnis der Gästehaus-Torte

119 Wieviel Stücke können durch sechs Schnitte gewonnen werden?

Tante Mary, die ein Gästehaus führt, hat ihren Küchenchef gebeten, ihren Gästen zu zeigen, wie man durch sechs gerade Messerschnitte eine Torte in möglichst viele Stücke zerlegt. Was glauben Sie, wieviel es sind?

120 Der schüchterne Ladenbesitzer

»Geben Sie mir 3 Docken* Seide und 4 Docken Kammgarn«, sagte Susi und legte 31 Cents auf den Ladentisch, genau den richtigen Betrag.

Als der Ladenbesitzer die Ware holen wollte, rief Susi: »Ich habe es mir anders überlegt. Ich nehme 4 Docken Seide und 3 Docken Kammgarn.«

* Docke = Garnmaß; zusammengedrehter Garnstrang

»Dann fehlt dir genau 1 Cent«, bemerkte der Ladenbesitzer, als er die Ware auf den Ladentisch legte.

»Oh, nein«, sagte Susi, als sie die Ware nahm und aus dem Laden hüpfte. »*Ihnen* fehlt genau 1 Cent!«

Was war der Preis für Seide und Kammgarn?

Der Weihnachtsbraten

121 *Was stimmt mit dem Bild nicht?*

Der Truthahn hat dem guten alten Nikolaus eine lustige Jagd rund ums Feld geliefert, wie sich aus den Spuren im Schnee erkennen läßt. Sie sehen, daß sie von rechts ins Bild kamen und ein paarmal im Kreis rannten, bevor sie ihre gegenwärtige Position erreichten.

Unsere Freunde sind aufgefordert, sich die Situation genau anzusehen und festzustellen, ob sie vom Standpunkt der Mathematik irgend etwas in dem Bild erkennen, das ihnen merkwürdig vorkommt. Und wenn Sie es gefunden haben, fällt Ihnen dafür vielleicht irgendeine plausible Erklärung ein, vorausgesetzt natürlich, daß es sich um keinen Fehler des Künstlers handelt?

Wilhelm Tell im Rätselland

122 *Wie kann Wilhelm Tell 100 Punkte erzielen?*

Das Bild zeigt Wilhelm Tell, wie er 35 Yards* vom Fahnenmast entfernt steht und gerade dabei ist, seine Künste zu demonstrie-

* 1 yard = 3 engl. foot (Fuß) = 91,4 cm

ren, indem er die Äpfel, die Tommy Riddles trägt, herunterschießt. Können Sie mir sagen, welche Äpfel er treffen muß, um genau 100 Punkte zu erzielen? Ein und derselbe Apfel kann, mehrmals abgeschossen werden. Eine zweite Frage: Wie hoch ist der Fahnenmast?

123 Das Tandem

Drei Männer wollen auf einem Tandem, auf das nur zwei passen, 40 Meilen* zurücklegen, so daß der dritte zu Fuß gehen muß. Der eine Mann, nennen wir ihn A, legt zu Fuß 1 Meile in 10 Minuten zurück, B in 15 Minuten, und C braucht für 1 Meile 20 Minuten. Das Fahrrad legt in einer Stunde 40 Meilen zurück, egal, wer nun gerade darauf sitzt. Welches ist die kürzeste Zeit, in der alle drei Männer die Strecke zurücklegen, vorausgesetzt natürlich, daß sie die wirksamste Methode des kombinierten Gehens und Fahrens anwenden?

124 Tassen und Untertassen

Frau Kaufwütig kaufte am Samstag im Sonderangebot Teller im Wert von 1,30 Dollar**, wobei jedes Stück um 2 Cents reduziert war. Sie brachte die Teller am Montag zum regulären Preis zurück und tauschte sie gegen Tassen und Untertassen ein. Ein Teller war genauso viel wert wie eine Tasse und eine Untertasse zusammen, so daß sie mit 16 Stücken mehr heimkam. Da Untertassen nur 3 Cents das Stück kosteten, nahm sie 10 Untertassen mehr als Tassen.

Das Rätsel besteht darin zu sagen, wieviel Tassen Frau Kaufwütig für ihre 1,30 Dollar am Samstag gekriegt hätte.

* 1 engl. mile (Meile) = 1,6 km
** 1 Dollar = 100 Cents

Umstrittene Ansprüche

125 Welche Ausmaße hat das dritte Dreieck?

Unser Bild zeigt eine angeregte Diskussion zwischen zwei Bergarbeitern, bei der es um ihre Schürfeinheiten geht. Jede Einheit hat die Form eines rechtwinkligen Dreiecks. Keine zwei Einheiten haben die gleichen Ausmaße, aber jede hat eine Grundfläche von genau 3360 Quadratfuß*.

Die Seiten des einen Dreiecks betragen 140 und 48, und seine Hypotenuse ist 148. Die Seiten des anderen Dreiecks betragen 80 und 84 und seine Hypotenuse 116. Können Sie mir die Seitenmaße des dritten Dreiecks sagen, vorausgesetzt, daß seine Grundfläche genauso groß ist wie die der anderen beiden und daß seine drei Seiten aus ganzen Zahlen bestehen? Die Proportionen der Dreiecke, die im Bild gezeigt sind, haben mit der Aufgabe nichts zu tun.

* 1 engl. foot (Fuß) = 30,48 cm

Der mathematische Milchmann

126 In welchem Verhältnis steht die Milch zum Wasser?

»In der einen Kanne ist reines Quellwasser«, erklärte der Milchmann den beiden Schuljungen. »Die Milch in der anderen Kanne ist so fett, daß sie unbedingt mit Wasser verdünnt werden muß, damit sie bekömmlich ist. Das tue ich, indem ich zuerst soviel Flüssigkeit von A in B schütte, daß der Inhalt von B verdoppelt wird. Dann schütte ich soviel Flüssigkeit von B in A, daß der Inhalt von A verdoppelt wird. Schließlich schütte ich wieder soviel von A in B, daß der Inhalt von B verdoppelt wird. Danach stelle ich fest, daß jede Milchkanne die gleiche Menge enthält und daß jetzt in B 1 Gallone* mehr Wasser als Milch ist. Mit wieviel Wasser und Milch habe ich begonnen und wieviel Wasser und Milch ist am Ende in jeder Kanne?«

* 1 Gallone = 3,79 l (s. Fußnote zu Aufgabe 5)

Das altertümliche Eiserne Kreuz

127 *Zerlegen Sie das Kreuz und bilden Sie ein Quadrat.*

Wie die Legende berichtet, war Caesar Augustus eines Tages in seinem Streitwagen unterwegs, als er den einarmigen Soldaten Titus Livius sah, der um Almosen bettelte. Caesar hielt an, um den Veteranen zu fragen, warum er nicht das Ehrenkreuz und die Pension erhalten hätte, die Soldaten zustand, die im ehrenhaften Dienst einen Körperteil verloren hatten.

»Großer Caesar«, erwiderte der Krieger, »ich war nur ein bescheidener Soldat und wurde zweifellos übersehen.«

Caesar nahm seine eigene Auszeichnung von der Brust und hängte sie dem Soldaten um. »Wenn du beide Arme verloren hättest, wärest du der Gründer eines neuen Ordens.«

Als der Soldat das hörte, zog er sein Schwert und hieb sich mit einem kräftigen Schlag den anderen Arm ab!

Wir wollen uns nicht weiter über das Paradoxe dieser Tat auslassen, sondern uns mit der Form des St. Andreas-Kreuzes beschäftigen, das Titus auf der Brust trägt. Die Aufgabe besteht darin, dieses Kreuz in die geringste Anzahl Stücke zu zerlegen, die ein Quadrat bilden.

128 Der Eulen-Expreß

Big Jim, Lokführer vom Eulen-Expreß, sagt: »1 Stunde, nachdem wir den Bahnhof verlassen hatten, ist uns ein Zylinderkopf gebrochen, so daß wir die Reise mit $^3/_5$ der früheren Geschwindigkeit fortsetzen mußten. Dadurch kamen wir im nächsten Bahnhof 2 Stunden verspätet an. Wenn sich der Zwischenfall 50 Meilen* weiter zugetragen hätte, wäre der Zug nur 20 Minuten später angekommen.«

Wie weit waren die beiden Bahnhöfe voneinander entfernt?

129 Teilen von Äpfeln

Acht Kinder teilten sich 32 Äpfel: Ann erhielt einen Apfel, May zwei, Jane drei und Kate vier. Ned Smith nahm genauso viel wie seine Schwester, Tom Brown nahm doppelt soviel wie seine Schwester, Bill Jones dreimal soviel wie seine Schwester und Jack Robinson viermal soviel wie seine Schwester. Gefragt ist nach den Nachnamen der vier Mädchen.

* 1 engl. mile (Meile) = 1,6 km

130 *Murmeln zum Behalten*

Harry und Jim, zwei Gegner im Murmelspiel, hatten zu Beginn des Spiels, bei dem man die gewonnenen Murmeln immer behalten darf, beide die gleiche Anzahl Murmeln. Harry gewann in der ersten Runde 20 Murmeln, verlor aber bis Spielende zwei Drittel seines Besitzes, so daß Jim dann viermal soviel Murmeln hatte wie Harry.

Wieviel Murmeln besaß jeder der beiden Jungen bei Spielbeginn?

131 *Mischtee*

Ein Kaufmann in Hongkong verkaufte eine beliebte Mischung Tee. Die eine Sorte kostete ihn 5 Bits* pro Pfund und die andere 3 Bits pro Pfund. Er mischte 40 Pfund, verkaufte sie zu 6 Bits pro Pfund und erzielte einen Gewinn von $33^1/_3\%$.

Wieviel von dem Tee zu 5 Bits hat er für die Mischung verwendet?

132 *Wie alt ist der Chef?*

»$^1/_6$ meines bisherigen Lebens habe ich als Kind auf dem Land verbracht«, erzählte der Chef, »$^1/_{12}$ war ich in New York im Alkoholhandel tätig, $^1/_7$ und 5 Jahre war ich in der Politik und verheiratet, bis zu dem Zeitpunkt, an dem Jimmy geboren wurde, der sich vor 4 Jahren, als er halb so alt war wie ich jetzt, in den Stadtrat wählen ließ.«

Wie alt ist der Chef?

* 1 bit (umgangssprachlich) = 12,5 Cents

Christophers Eiertricks

133 Lösen Sie Christophers Eiertricks.

Tommy will uns auf einige Rätsel mit Eiern aufmerksam machen, die Christopher Columbus dem König Puzzlekopf aufgegeben hat. Das erste besteht darin, 9 Eier so auf einen Tisch zu legen, daß möglichst viele Reihen zu je 3 Eiern entstehen. Wie im Bild zu sehen ist, hat es der König auf 8 Reihen gebracht, aber die Henne behauptet, jedes einigermaßen gescheite Küken wüßte es besser!

Der komische alte König versucht sich nun am zweiten Rätsel, bei dem es darum geht, eine fortlaufende Linie durch sämtliche Eier zu ziehen, allerdings mit möglichst wenig Strichen. Der König hat die Aufgabe mit 6 Strichen gelöst, aber Tommys Gesicht läßt keinen Zweifel, daß er das nicht gerade für gescheit hält. Die Lösung ist mit einem genialen Trick verbunden, der dem, ein Ei aufrecht hinzustellen, für dessen Ausübung (mit einem faulen Ei) der große Navigator in Ketten gelegt wurde, in nichts nachsteht, im Gegenteil.

Lincolns Latten-Rätsel

134 *Wie groß ist ein Stück Land, das von einem Dutzend Zaunlatten eingefaßt wird?*

Der junge Mann im Bild hat gerade Mr. Lincoln gefragt, wieviel Land mit einem Dutzend Zaunlatten eingefaßt werden kann. »Das kommt darauf an«, sagt Mr. Lincoln, »wie lang die Zaunlatten sind.«

Angenommen, jede Latte wäre 16 Fuß* lang. Welches ist die größte Fläche Land, die mit 12 Latten eingefaßt werden kann? Wenn die Latten im Quadrat angeordnet werden, umfassen sie beispielsweise eine Fläche von 2304 Quadratfuß, allerdings läßt sich auf andere Weise noch ein besseres Ergebnis erzielen.

* 1 engl. foot (Fuß) = 30,48 cm

Unsere Columbus-Aufgabe

135 Wie dicht kommen Sie an 82 heran?

Dies ist eine berühmte Aufgabe von mir aus dem Jahre 1882. Damals habe ich für die beste Antwort einen Preis von 1000 Dollar ausgeschrieben.

Die Aufgabe besteht darin, die sieben Ziffern und acht Punkte so anzuordnen, daß die Zahlen bei Addition eine Summe ergeben, die möglichst dicht an 82 liegt. Die Punkte können auf zweierlei Art und Weise behandelt werden: (1) als Dezimalzeichen*, (2) als Zeichen für eine sich endlos wiederholende Dezimalzahl. Beispielsweise kann $^1/_3$ wie $.\dot{3}$ geschrieben werden. Der Punkt über der 3 zeigt an, daß sie sich endlos wiederholt. Wenn sich eine Ziffernfolge wiederholt, werden die Punkte verwendet, um den Anfang und das Ende zu markieren. Somit kann der Bruch $^1/_7$ wie $.\dot{1}4285\dot{7}$ geschrieben werden.

Von mehreren Millionen Antworten waren nur zwei richtig.

* Im Englischen werden die Dezimalstellen von den ganzen Zahlen durch einen Punkt getrennt, nicht durch ein Komma, also: $^1/_2 = 0.5$.

Monsieur De Foie Gras, der geachtete französische Chauffeur, erwähnte einmal, daß sein Auto auf einer Fahrt in den ersten 2 Stunden 135 Meilen* und in den darauffolgenden 2 Stunden 104 Meilen zurückgelegt hätte. Angenommen, der Motor wäre während der 4 Stunden immer schwächer geworden, so daß sich die zurückgelegte Strecke mit jeder Stunde Fahrt um die gleiche Anzahl Meilen verringerte, wie weit ist das Auto dann in den 4 Stunden gefahren?

Rollschuh-Rätsel

137 *Nehmen Sie die Zeit der beiden Rollschuhläuferinnen.*

Jenny und Maude, zwei graziöse Rollschuhläuferinnen, standen auf einem zugefrorenen See 1 Meile* voneinander entfernt, und dann liefen sie beide los: Jede genau auf den Punkt zu, an dem die andere gestanden hatte. Von einem starken Wind unterstützt, schaffte Jenny das Kunststück $2^1/_2$ mal schneller zu sein als Maude und schlug sie um 6 Minuten. Wie lange brauchte jedes der beiden Mädchen für die 1 Meile?

* 1 engl. mile (Meile) = 1,6 km

138 Polarbraut

Unlängst versuchte sich ein Forschungsteilnehmer an einer Nordpolexpedition eine Braut zu angeln. In dieser Gegend schlafen die Eingeborenen alle in Säcken aus Bärenfellen, und der Brauch will es, daß sich der sehnsüchtige Liebhaber anschleicht und den Sack mitsamt seiner künftigen Braut entführt.

In diesem speziellen Fall mußte der Liebhaber eine gehörige Strecke zurücklegen, aber er schaffte sie in 5 Meilen* pro Stunde, und dann kehrte er mit seiner Last und einer Geschwindigkeit von 3 Meilen pro Stunde zurück, wodurch er für das gesamte Unternehmen genau 7 Stunden brauchte. Als er den Sack aufmachte, um seinen Schiffskameraden den »Raub« zu zeigen, mußte er feststellen, daß er irrtümlich den Großvater des Mädchens mitgebracht hatte.

Zweifellos wurde die Geschichte ein bißchen übertrieben, aber werden uns unsere Experten trotzdem sagen können, welche Strecke der Forscher auf seiner denkwürdigen Reise zurückgelegt hat?

Professor Blumgarten und der Friedenskongreß

139 Stellen Sie die Geschwindigkeit fest, mit der die zwei Ziegen aufeinander zulaufen.

»Ich war einmal Zeuge eines Duells, das bis aufs Messer geführt wurde, und zwar zwischen zwei Ziegen«, schreibt Professor Blumgarten, »und das ein hübsches mathematisches Problem aufwirft. Ein Nachbar von mir besaß eine Ziege, die mehrere Sommer die unumstrittene Herrscherin der Felsen war; und dann brachte eines Tages jemand eine neue Ziege in die Gegend,

* 1 engl. mile (Meile) = 1,6 km

die 3 Pfund* schwerer war. Die erste Ziege wog 54, die neue 57 Pfund.

Zuerst sah es so aus, als würden sich die Ziegen ganz gut vertragen. Dann baute sich die leichtere der beiden eines Tages oben an einem steilen Hang auf und überschüttete ihre Rivalin mit Spott. Die Rivalin rannte den Berg hinauf, der anderen Ziege entgegen, die den Vorteil hatte, bergab zu laufen. Traurig genug, aber beide Ziegen wurden beim Aufeinanderprall getötet.

Und jetzt kommt das Merkwürdige an dieser Sache. George Abercrombie, der über die Aufzucht von Ziegen eine ganz bemerkenswerte Arbeit verfaßt hat, sagt: ›Durch wiederholte Versuche konnte ich feststellen, daß die Wucht eines Schlages, die der Kraft entspricht, die 30 Pfund beim Fall von 20 Fuß** Höhe entwickeln, einen Ziegenschädel zu Tode zertrümmert.‹ Angenommen, das träfe zu, welches muß dann die minimale Geschwindigkeit gewesen sein, mit der die beiden Ziegen aufeinander zugelaufen sind, um sich gegenseitig den Schädel einzurennen.«

* 1 engl. pound (Pfund) = 16 ounzes (Unzen) = 453,6 g
** 1 engl. foot (Fuß) = 30,48 cm

Der Notausstieg

140 *Befördern Sie die Familie in möglichst wenig Zügen hinunter.*

Das Binksche Notausstiegspatent für den Fall eines Feuers besteht aus nichts anderem als einem Seil, das über eine Rolle führt und an dessen beiden Enden jeweils ein großer Korb befestigt ist. Wenn sich der eine Korb senkt, geht der andere nach oben. Wenn man den einen Korb mit einem Gegenstand beschwert, der als

Gegengewicht dient, kann in dem anderen Korb ein noch schwererer Gegenstand hinuntergelassen werden. Der Erfinder ist der Meinung, seine Vorrichtung müsse vor jedem Schlafzimmerfenster der Welt angebracht werden. In einem unserer Hotels hat man sie ausprobiert, aber sie bot den kriminell Veranlagten unter den Gästen eine günstige Gelegenheit, sich mit ihren weltlichen Gütern des Nachts aus dem Staub zu machen, so daß sich dieses System bei den Hotelbesitzern nun nicht mehr allergrößter Sympathien erfreut.

Im Bild ist ein Binks-Fahrstuhl vor dem Fenster eines beliebten Sommerhotels zu sehen. Alles, was nicht mehr als 30 Pfund wiegt, kann in dem Korb sicher hinunterbefördert werden, solange der andere Korb leer ist, und die sicherste Grenze für den Gewichtsunterschied zwischen beiden Körben beträgt 30 Pfund, wenn sie beladen sind.

Als eines Nachts im Hotel ein Feuer ausbrach, konnten sich alle Gäste in Sicherheit bringen, außer dem Nachtwächter und seiner Familie. Sie wurden erst geweckt, als alle Fluchtwege versperrt waren und nur noch der Weg über den Binks-Fahrstuhl offen blieb. Der Nachtwächter wog 90 Pfund, seine Frau 210 Pfund, der Hund 60 Pfund und das Baby 30 Pfund.

Jeder Korb ist groß genug, um alle vier auf einmal aufzunehmen, aber andere Gewichte dürfen für die Körbe nicht verwendet werden – nur der Mann, die Frau, der Hund und das Baby. Es wird vorausgesetzt, daß weder der Hund noch das Baby fähig ist, ohne Hilfe des Mannes oder seiner Frau den Korb zu besteigen oder zu verlassen. Auf welche Weise werden alle vier am günstigsten nach unten befördert?

141 *Aesops Adler*

Zu den Fabeln von Aesop gehört auch die Geschichte von dem ehrgeizigen Adler, der den Entschluß faßte, zur Sonne zu fliegen. Jeden Morgen, wenn die Sonne im Osten aufging, flog der Adler auf sie zu, bis es Mittag war; dann, wenn die Sonne gegen Westen unterzugehen begann, machte der Adler kehrt und flog auf seiner hoffnungslosen Jagd gen Westen. Gerade wenn die Sonne hinter dem westlichen Horizont verschwand, fand sich der Adler wieder an seinem Ausgangspunkt ein.

Die Story ist gut, nur steht es mit Aesops Mathematik nicht zum allerbesten. Während des morgendlichen Teils des Adlerflugs nähern sich Vogel und Sonne einander, während sie sich während des nachmittäglichen Flugs in derselben Richtung bewegen. Es ist klar, daß der Nachmittagsflug länger dauert, so daß der Adler jeden Tag weiter nach Westen getragen wird.

Nehmen wir einmal an, der Vogel beginnt seinen Flug vom Turm des Kapitols in Washington aus, wo der Umfang der Erde 19500 Meilen* beträgt. Der Adler fliegt so niedrig über der Erdoberfläche, daß die Entfernung nicht beeinflußt wird, und er beendet seinen Flug jeden Tag 500 Meilen westlich von dem Punkt, von dem aus er am Morgen gestartet ist.

Wieviel 24-Stunden-Tage werden von dem Zeitpunkt, an dem der Adler seinen Flug beginnt, bis zu dem Zeitpunkt, an dem er ihn nach einmaliger Umrundung der Erde in westlicher Richtung beendet, im Kapitol vergangen sein?

142 Der Hase und die Schildkröte

Ein sportlicher junger Hase und eine Schildkröte lieferten sich rund um eine kreisförmige Fläche mit einem Durchmesser von 100 Yards** ein Rennen in entgegengesetzter Richtung. Sie starteten am selben Punkt, aber der Hase lief erst los, als die Schildkröte bereits 1/8 der Strecke zurückgelegt hatte (das heißt, 1/8 des Kreisumfangs). Der Hase hielt nicht viel von der Schnelligkeit der Schildkörte und bummelte regelrecht dahin, zupfte sich zwischendurch sogar ein paar Grashalme, bis er der Schildkröte begegnete. An diesem Punkt hatte der Hase 1/6 der Strecke zurückgelegt. Um wieviel mal schneller muß der Hase von nun an laufen, um das Rennen zu gewinnen?

* 1 engl. mile (Meile) = 1,6 km

** 1 yard = 3 engl. foot (Fuß) = 91,4 cm

König Salomons Siegel

143 Wieviel Dreiecke sind auf dem Siegel?

Der kleine Tommy Riddles verkündet, daß König Puzzlekopf und Prinzessin Enigma das Geheimnis des berühmten Siegels von König Salomon untersuchen, das auf dem königlichen Grabstein eingraviert ist. Der König will wissen, wieviel verschiedene gleichschenklige Dreiecke die Zeichnung enthält. Was meinen Sie?

Ein Schweizer Rätsel

144 Lösen Sie das Fahnenproblem des Schweizer Fräuleins.

Dieses adrette Schweizer Fräulein ist im Umgang mit geometrischen Schneiderätseln außergewöhnlich begabt. Sie hat eine Mög-

lichkeit entdeckt, das Stück rote Tapete in ihrer rechten Hand in zwei Teile zu schneiden, mit denen sie die Nationalflagge bilden kann, die sie in der linken Hand hält. Das weiße Kreuz in der Mitte der Fahne ist tatsächlich ein Loch im Papier. Geschnitten werden darf nur entlang der auf dem Papier aufgezeichneten Linien.

Für ein zweites Rätsel fordert das Schweizer Mädchen Sie auf, die Fahne in ihrer linken Hand in zwei Teile zu schneiden, die sich zu einem Rechteck aus 5 x 6 Einheiten zusammenfügen lassen.

Jemand hat das Schweizer Mädchen einmal gefragt, wie man wohl ein Malteser Kreuz machen muß, und sie hat geantwortet: »Am Schwanz ziehen!«

Schaltbrett-Rätsel

145 Wieviel Draht wird gebraucht?

Um zu zeigen, wieviel gute Rätselideen einfach »auf der Straße liegen«, will ich Ihnen eine kleine Aufgabe stellen, mit der ich mich neulich zu beschäftigen hatte. Ich traf einen Elektriker, der sich eine Art Schaltbrett gebastelt hatte, mit dessen Hilfe er herauszufinden hoffte, welches die sparsamste Methode wäre, einen feinen Kupferdraht durch alle Kontaktpunkte auf dem Brett zu führen. Das Brett war das reinste Kunstwerk, es wies mehrere hundert Kontaktpunkte auf, aber da für unser Problem 64 völlig ausreichend sind, haben wir im Bild nur 8 x 8 Sektionen des Bretts wiedergegeben. Die Aufgabe besteht darin, mit einem möglichst kurzen Stück Draht von Punkt B aus eine Verbindung zu Punkt A herzustellen. Der Draht muß durch alle 64 kleinen Quadrate führen. Jedes Quadrat ist 1 Zoll* breit, und ihre Mittelpunkte sind jeweils 3 Zoll voneinander entfernt. Jedesmal, wenn der Draht abbiegt, also eine andere Richtung einschlägt, muß er um eine Ecke des Quadrats gewunden werden, was 2 Zoll Draht kostet. Diagonale Verbindungen sind nicht erlaubt.

* 1 engl. inch (Zoll) = 2,54 cm

Wenn 2 Zoll Draht nötig sind, um von Punkt B zur Mitte des nächsten kleinen Quadrats zu gelangen, können Sie mir dann sagen, wieviel Draht im günstigsten Fall gebraucht wird, um Punkt B mit A zu verbinden?

Das Kurier-Rätsel

146 Welche Strecke bewältigt der Kurier?

Ein uraltes Problem, das sich in vielen alten Rätselbüchern wiederfindet, betrifft eine Armee, die 50 Meilen* lang ist. Während sich die Armee in gleichmäßigem Tempo vorwärtsbewegt, macht sich von ganz hinten ein Kurier auf den Weg nach vorn, um dort eine Botschaft zu überbringen, und reitet dann wieder ans Ende zurück. Er kommt genau zur selben Zeit hinten an, in der die Armee 50 Meilen vorgerückt ist. Welche Strecke hat der Kurier insgesamt zurückgelegt?

Hätte sich die Armee nicht fortbewegt, wären es für ihn eindeutig 50 Meilen hin und 50 Meilen zurück gewesen. Da sich die Armee aber vorwärtsbewegt, muß er auf dem Hinweg mehr als 50 Meilen bewältigen, dafür spart er auf dem Rückweg etwas ein, da sich ja der hintere Teil der Armee auf ihn zu bewegt.

* 1 engl. mile (Meile) = 1,6 km

Natürlich wird vorausgesetzt, daß der Kurier immer im selben Tempo reitet.

Ein wenig schwieriger wird die Sache, wenn man das Rätsel erweitert: Eine quadratförmig angeordnete Armee, die 50 x 50 Meilen groß ist, bewegt sich 50 Meilen in gleichmäßigem Tempo voran, während ein Kurier von der Mitte der rückwärtigen Linie aus losreitet und die Armee einmal umrundet, bis er wieder zu seinem Ausgangspunkt zurückkehrt. Die Geschwindigkeit des Kuriers ist konstant, und er schließt den Kreis, den er geritten ist, genau in dem Augenblick, in dem die Armee eine Entfernung zurückgelegt hat, die ihrer eigenen Länge entspricht. Welche Strecke hat der Kurier zurückgelegt?

147 Teilung des Kapitals

In der alteingesessenen Firma Brown & Jones steckte von Brown 1½mal soviel Kapital wie von Jones. Es wurde beschlossen, Robinson gegen Zahlung von 2500 Dollar am Geschäft zu beteiligen. Diese 2500 Dollar sollten zwischen Brown und Jones so aufgeteilt werden, daß alle drei Partner die gleichen Zinsen erzielten. Wie müssen die 2500 Dollar aufgeteilt werden?

148 Mrs. Hogans Wäscheleine

Mrs. Hogan kaufte eine neue 100 Fuß* lange Wäscheleine und teilte sich die Kosten dafür mit ihrer Freundin Mary O'Neill. Da Mrs. Hogan den größeren Teil der Rechnung bezahlte, war das eine Stück nur $^5/_7$ so lang wie das andere.

Wie lang war jedes Stück?

* 1 engl. foot (Fuß) = 30,48 cm

Der königliche Weg zur Mathematik

149 Bilden Sie aus 5 Teilen 6 Figuren.

Beppo, der Hofnarr, erklärt dem König Ptolemaios gerade, wie er das Trapez in 5 Teile zerlegen muß, um sie für 6 herrliche Rätsel verwenden zu können. Zeichnen Sie das Trapez auf ein Stück Pappe, schneiden Sie die 5 Stücke aus und versuchen Sie sie so zusammenzulegen, daß

1. ein Quadrat,
2. ein griechisches Kreuz,
3. ein Rhombus,
4. ein Rechteck,
5. ein rechtwinkliges Dreieck und
6. das ursprüngliche Trapez

entsteht.

Die andern 5 Figuren sind als Schattenriß erkennbar, damit Sie sehen, welche Form sie haben. Bei jeder einzelnen Figur müssen jeweils alle 5 Einzelteile verwendet werden.

Mutters Marmeladen-Rätsel

150 Wieviel paßt in jedes Glas?

Frau Huber hat sich eine kluge Methode ausgedacht, um über die Zahl ihrer Gläser mit Brombeermarmelade auf dem laufenden zu bleiben. Sie hat die Gläser in ihrem Schrank so angeordnet, daß sie auf jedem Bord 20 Quart* Marmelade stehen hat. Die Gläser haben drei verschiedene Größen. Wissen Sie, wieviel in jedes der verschieden großen Gläser paßt?

* 1 Quart = 1/4 Gallone = 0,95 l

Das elektrische Problem

151 *Welches ist der kürzeste Weg für den Draht?*

Neulich engagierte man bei einer politischen Bezirksversammlung einen Elektriker, der hinten im Saal einen Signalkasten anbringen sollte. Dieser sollte mit einem Knopf an der Eingangstür verbunden sein, damit die Organisatoren den langatmigen Rednern zu verstehen geben konnten, wann ihre Zeit abgelaufen war. Die Länge des Drahts, der für diese Installation benötigt wurde, war an diesem Tag Hauptgesprächsthema unter den Arbeitern, und die Frage wurde an mich weitergegeben.

Der Saal, der im Bild zu sehen ist, ist genau 12 Fuß* breit, 12 Fuß hoch und 30 Fuß lang. Der Draht sollte von dem Schaltkasten aus, der 3 Fuß von der Decke entfernt in der Mitte der Rückwand befestigt war, zu dem Signalknopf führen, der sich 3 Fuß vom Boden entfernt in der Mitte der Vorderwand befand. Der Draht kann an den Wänden, der Decke oder dem Boden verlaufen. Die Aufgabe besteht darin, für den Draht den kürzesten Weg zu finden. Die Dicke der Wand, an der der Knopf sitzt, braucht nicht berücksichtigt zu werden.

152 Kleine Hunde und Ratten

Ein Kaufmann aus Kanton kaufte eine bestimmte Anzahl dicker kleiner Hunde und halb so viele Rattenpaare. Er bezahlte 2 Bits** für jeden der kleinen Hunde und den gleichen Preis für jedes Rattenpaar. Dann verkaufte er die Tiere um 10% teurer, als er selbst ausgegeben hatte.

Nachdem der chinesische Kaufmann alle Tiere bis auf 7 weiterverkauft hatte, stellte er fest, daß er jetzt genauso viel Geld eingenommen hatte, wie er vorher für alle Tiere zusammen ausgegeben hatte. Sein Gewinn läßt sich also aus dem Verkaufspreis der restlichen 7 Tiere errechnen.

Wie hoch war der Verkaufspreis für diese 7 Tiere?

153 Die Jonesschen Kühe

Bauer Jones verkaufte zwei Kühe für 210 Dollar. An der einen verdiente er 10% und an der anderen verlor er 10%. Alles in allem machte er einen Gewinn von 5%. Wieviel hat ihn jede Kuh ursprünglich gekostet?

* 1 engl. foot (Fuß) = 12 inches (Zoll) = 30,48 cm
** 1 bit (umgangssprachlich) = 12,5 Cents

Das Hindernisrennen

154 Finden Sie den schnellsten Weg zur Fahne.

Diese kleine Aufgabe, die ein Querfeldein-Hindernisrennen zum Inhalt hat, sollte für Rennliebhaber und Rätselrater gleichermaßen interessant sein. Es sieht so aus, als wären gegen Ende eines gut besetzten Rennens, als nur noch 1 3/4 Meilen* zu bewältigen waren, die Pferde an der Spitze so dicht zusammen gewesen, daß der Sieg nur davon abhing, die günstigste Abkürzung zur Zielfahne zu wählen. In dem Bild ist am entfernten Ende eines rechteckigen Feldes, das an eine Straße angrenzt, die an der einen Seite 1 Meile und an der anderen 3/4 Meile lang ist, der Rennrichterstand zu erkennen.

Daher beträgt die Entfernung bis zur Zielfahne entlang der Straße 1 3/4 Meilen, was alle Pferde in 3 Minuten schaffen. Es steht jedoch jedem Reiter frei, sein Pferd querfeldein zu lenken, allerdings behindert der unebene Boden die Läufer. In diesem

* 1 engl. mile (Meile) = 1,6 km

Fall bringt der Weg über das rechteckige Feldstück einen Geschwindigkeitsverlust von 25 % mit sich.

An welcher Stelle entlang der 1 Meile langen Straße muß das Pferd die Steinmauer überspringen und direkt auf die Zielfahne zulaufen – wenn es das Rennen in allerkürzester Zeit beenden will?

Das Rätsel vom fidelen Mönch

155 Vermehren Sie die geraden Reihen.

Die munteren Mönche haben 10 Münzen, jeweils eine in einem Feld, so angeordnet, daß sie 10 Reihen bilden, wobei jede Reihe eine gerade Zahl Münzen enthält. Die Reihen können horizontal, vertikal oder diagonal gezählt werden. Das Rätsel besteht darin, die Münzen neu anzuordnen, so daß sie so viel gerade Reihen wie möglich bilden.

Dick Whittingtons Katze

156 *Suchen Sie den kürzesten Weg, auf dem alle Mäuse gefangen werden.*

Dick Whittongton hat seine Katze darauf dressiert, entlang der schwarzen Linie auf der kürzesten Strecke von Maus A (obere linke Ecke) zu Maus Z (untere rechte Ecke) zu gehen und dabei alle Mäuse zu fangen.

Während sich der König bemüht, diese Aufgabe auszutüfteln, deutet Dick auf die Uhr am Tower von London und fragt: »Wenn die Uhr, um 6 zu schlagen, 6 Sekunden braucht, wie lange braucht sie dann, um 11 zu schlagen?«

157 *Der schattige Hain*

Mr. und Mrs. Smith waren dabei, sich ein Haus in der Vorstadt zu kaufen. »Wenn du mir $^{3}/_{4}$ deines Geldes gibst«, sagte Mr. Smith, »kann ich es mit meinem Geld zusammenlegen und hab' dann gerade genug, um dieses Haus für 5000 Dollar* zu kaufen. Und dir reicht der Rest, um dir dafür den schattigen Hain mit dem Bächlein hinter dem Haus zu kaufen.«

»Nein, nein«, erwiderte seine bessere Hälfte. »Gib du mir lieber $^{2}/_{3}$ von deinem Geld, dann kann ich es mit meinem zusammenlegen und mir davon das Haus kaufen, und dir reicht der Rest, um dir den schattigen Hain mit dem plätschernden Bach zu kaufen.«

Können Sie sagen, wieviel der schattige Hain mit dem Bach kosten sollte?

158 Pferdehandel

Aus diesem oder jenem Grund hab ich es als Pferdehändler nie zu etwas gebracht. Ich kaufte unten in Texas für 26 Dollar* einen halb wilden Gaul. Nachdem ich eine Zeitlang seine Verpflegung bezahlt hatte, verkaufte ich ihn für 60 Dollar weiter. Das sah wie ein gewinnbringender Handel aus, aber als ich mir die Kosten für seinen Unterhalt ausrechnete, stellte ich fest, daß der Betrag, den ich dabei eingebüßt hatte, halb so groß war wie der, den ich bei seinem Kauf für ihn bezahlt hatte, plus $^{1}/_{4}$ der Kosten für seinen Unterhalt. Wieviel Geld habe ich verloren?

Lisa im Rätselland

159 Ordnen Sie die 8 Stäbe so an, daß sie 3 gleich große Quadrate bilden.

Mit 8 Holzstäben hat Lisa 2 quadratische Pferche für ihre beiden Spielzeuglämmer gebaut. Von einem Bewunderer hat sie gerade ein drittes Lamm geschenkt bekommen, so daß sie die Stäbe neu anordnen möchte, um 3 quadratische Pferche zu bauen.

* 1 Dollar = 100 Cents

Schneiden Sie 8 schmale Pappstreifen, von denen 4 doppelt so lang sind wie die anderen, so wie das unten im Bild zu sehen ist. Das Rätsel geht folgendermaßen: Ordnen Sie die 8 Streifen auf einer glatten Oberfläche so an, daß sie 3 Quadrate bilden, die alle die gleiche Größe haben.

160 Blitzgeschäft

Solange der Trend in die Vororte anhält, wollen wir die Gelegenheit nutzen, um zu erzählen, wie einmal ein Grundstücksspekulant an einem falschen Bahnhof ausstieg und während der zwei Stunden, die er auf den nächsten Zug warten mußte, schnell ein lohnendes Geschäft über die Bühne brachte. Er kaufte ein Stück Land für 243 Dollar, das er in gleiche Teile aufteilte, die er dann zu je 18 Dollar weiterverkaufte, alles noch, bevor sein nächster Zug einrollte. Er verdiente an dem Geschäft genauso viel, wie er ursprünglich für 6 Parzellen gezahlt hatte.

Wieviel Parzellen Bauland umfaßte das gesamte Grundstück?

Infanterie-Drill

161 Trennen Sie die Jungen von den Mädchen.

Die 8 Kinder im Bild haben sich so aufgestellt, daß sich Jungen und Mädchen in der Reihe abwechseln. Die Aufgabe besteht nun darin, sie so umzustellen, daß die 4 Soldaten auf der einen Seite und die 4 Rotkreuz-Schwestern auf der anderen Seite zu stehen kommen, dabei sollen alle 8 jedoch genauso dicht beieinanderstehen wie vorher. Das Ganze muß in nur vier Zügen geschehen, und bei jedem Zug wird immer ein Paar nebeneinanderstehender Kinder gemeinsam umgestellt.

Eine gute Methode, mit der Aufgabe fertig zu werden, ist es, wenn man für jeden Jungen 1 Penny* und für jedes Mädchen ein 10-Cent-Stück verwendet; dann versuchen Sie, durch gleichzeitige Verschiebung von jeweils zwei Münzen in nur vier Zügen alle Pennys auf die eine und alle 10-Cent-Stücke auf die andere Seite zu bringen. Aber bedenken Sie bitte: Die Münzen müssen immer paarweise, und zwar nebeneinanderstehende Paare, umgeordnet werden und dürfen auch nicht untereinander vertauscht werden. Beispielsweise können Sie D und E (die Buchstaben stehen auf den Hüten) zum linken Ende der Reihe schieben, ohne sie jedoch zu vertauschen, so daß etwa E links von D zu liegen käme.

* 1 Penny = 1 Cent

Von links nach rechts: Bill, Mary, Tom, Elizabeth, Hank, Susan, Ned, Sarah, Jake

Ein exzentrischer letzter Wille

162 *Erraten Sie den Nachnamen von jedem Erben.*

Als Kapitän John Smith, ein angesehener und wohlhabender Bürger, 1803 in Gloucester starb, hinterließ er seine erfolgreichen Unternehmen im Sklavenhandel und Schmuggelgeschäft seinen 9 Erben. Die Erben bestanden aus einem Sohn, dessen Frau und einem Kind; einer Tochter, ihrem Ehemann und einem Kind; und einem Stiefsohn, der ebenfalls Frau und Kind hatte.

Der Kapitän setzte in seinem Testament fest, daß jeder Ehemann mehr als seine Frau und jede Frau mehr als ihr Kind bekommen sollte. Die Differenz in allen sechs Fällen sollte immer gleich sein; das heißt, die Erbschaft eines jeden Ehemanns sollte die seiner Frau um dieselbe Summe überschreiten, und dieser Betrag stellte gleichzeitig auch die Differenz zwischen der Erbschaft einer jeden Frau und der ihres Kindes dar. Das Geld bestand ausschließlich aus 1-Dollar-Scheinen. Jeder Erbe erhielt sein Geld in einem Bündel versiegelter Umschläge, jeder Umschlag enthielt genauso viel Dollar-Scheine wie Umschläge in dem Bündel waren.

Im Testament war auch festgelegt, daß »Mary und Sarah zusammen genauso viel erhalten wie Tom und Bill, während Ned, Bill und Mary zusammen 299 Dollar mehr als Hank erhalten. In Anbetracht der schlechten Situation, in der sich die Familie Jones befindet, sollen deren Mitglieder zusammen über $^{1}/_{3}$ mehr erhalten als die Browns.«

Die Porträts im Bild geben keinen Hinweis auf das relative Alter der 9 Erben, aber aus den Angaben in Kapitän Smith' Testament sollten unsere Rätselrater mit Leichtigkeit die Familiennamen jedes Erben und die Höhe seiner Erbschaft ablesen können.

Das berühmte Korinthenbrötchen-Rätsel

163 Wieviel Brötchen erhielt jedes Kind?

In vielen alten Kinderreimen sind Rätsel oder Wortspiele enthalten, die es wert sind, einmal von älteren Kindern unter die Lupe genommen zu werden. Zum Beispiel, was der Korinthenbrötchen-Mann ausruft:

Heißes Korinthenbrot, Korinthenbrot heiß,
  Für'n Penny 1, für'n Penny 2,
Heißes Korinthenbrot.
  Wenn's die Tochter nicht zu schätzen weiß,
Geben Sie's dem Sohn in der Not!
  Für'n Penny 2, für'n Penny 3,
Heißes Korinthenbrot.
  Ich hab Töchter und Söhne gleich viel
Und gab ihnen 7 Pennies –
  Für das Spiel
Mit dem heißen Korinthenbrot.

Daraus geht deutlich hervor, daß die Brötchen 3 verschiedene Größen hatten: 1 für 1 Penny, 2 für 1 Penny und 3 für 1 Penny. Es waren genauso viele Jungen wie Mädchen, und alle zusammen erhielten sie 7 Pennies. Wenn jedes Kind genau die gleiche Anzahl Brötchen von derselben Sorte erhielt, können Sie mir dann sagen, wieviel das waren?

164 *Bill Sykes*

Ich fragte Bill Sykes, ob er gern arbeiten wolle, und er erwiderte: »Warum sollte ich arbeiten wollen?«

»Um Geld zu verdienen«, sagte ich.

»Wozu Geld verdienen?« fragte er.

»Um es zu sparen«, erwiderte ich.

»Aber wozu sollte ich Geld sparen?«

»Damit du es dir, wenn du alt bist, gutgehen lassen kannst«, sagte ich.

»Aber ich werde ja jetzt auch alt«, sagte er, »und wozu sollte ich arbeiten, um es mir dann gutgehen zu lassen, wenn ich bereits jetzt damit beginnen kann, es mir gutgehen zu lassen.«

Zwar konnte ich ihn nicht überzeugen, immerhin brachte ich ihn aber dazu, sich bereitzuerklären, einmal den Versuch zu machen und 30 Tage lang für 8 Dollar pro Tag zu arbeiten; allerdings vereinbarten wir, daß er für jeden Tag, den er faulenzte, 10 Dollar Strafe zahlen müßte. Am Ende des Monats waren er und sein Arbeitgeber sich nichts schuldig, was Bill als Beweis für die Unsinnigkeit des Arbeitens anführte.

Wieviel Tage hat Bill gearbeitet und wieviel hat er gefaulenzt?

Das Henry-George-Rätselspiel

165 *Besetzen Sie alle Punkte bis auf einen.*

In der Reihe großer Männer unserer Zeit, die dafür berühmt sind, Hindernisse überwunden und sich ihren Weg zum Erfolg erkämpft zu haben, sollte der verstorbene Henry George einen wohlverdienten Platz einnehmen. Durch sein gründliches Studium des Besteuerungswesens machte sich der Autor von *Progress and Poverty* mit diesem Thema so eingehend vertraut, daß ihm in keiner Diskussion beizukommen war. Ich habe mich mit ihm oft über Fragen der Einzelbesteuerung unterhalten und gelangte

dabei zu der Überzeugung, daß ihm auf diesem Gebiet keiner den Rang ablaufen konnte.

Zu der Zeit, in der wir uns fast täglich im Presseclub trafen, quälte mich Mr. George ständig mit seinem Lieblingsthema, der politischen Ökonomie. Ich rächte mich, indem ich ihm ein Rätsel von mir präsentierte, das dem Prinzip einer schon früher bekannten Denkaufgabe folgt und bei dem es um Spielmarken und die Zacken eines Sterns geht.

Das Rätsel besteht darin, 12 Spielmarken auf 13 Stellen im Diagramm unterzubringen. Jede Spielmarke muß zuerst auf einen leeren Platz gelegt werden, und erst dann darf man sie entlang der beiden Linien auf einen anderen leeren Platz rücken und dort liegenlassen. Zum Beispiel können Sie die erste Spielmarke auf 2 legen und dann auf 4 oder 13 rücken. Ist eine Spielmarke einmal verschoben, muß sie am neuen Platz bleiben und darf nicht wieder weggenommen werden, außerdem kann keine Spielmarke (vor oder nach dem Weiterrücken) auf einen Platz gebracht werden, der bereits von einer anderen Spielmarke belegt ist.

Nachdem Sie wissen, wie Sie die 12 Spielmarken auf dem Diagramm verteilen müssen, können Sie sich nun dem zweiten und schwierigeren Teil des Rätsels zuwenden: Wählen Sie ein englisches Wort mit 12 Buchstaben. Schreiben Sie auf jede Spielmarke einen Buchstaben; dann beginnen Sie mit dem ersten Buchstaben des Wortes und legen alle anderen in der richtigen Reihenfolge auf das Diagramm, so daß sich das Wort, korrekt buchstabiert, im Uhrzeigersinn lesen läßt*.

Das Rätsel gefiel Henry George außerordentlich gut, und er machte mir dazu ein etwas zweideutiges Kompliment, indem er sagte, es wäre das klügste, das ich mir je ausgedacht hätte. Suchen Sie ein geeignetes Wort aus 12 Buchstaben, das sich auf besagte Weise anordnen läßt.

* Hinweis für deutschsprachige Leser: Dieser zweite Teil des Rätsels stellt den deutschsprachigen Rätselrater vor ein unlösbares Problem. Die Antwort im Anhang wird ihn jedoch anregen, selbst ein Worträtsel zu erfinden und seine optimale Lösung zu suchen.

166 *Caseys Kuh*

»Manche Kühe haben mehr Verstand als der Durchschnittsbürger«, sagte Bauer Casey. »Meine Kuh stand neulich auf einer Brücke, 5 Fuß* von der Mitte der Brücke entfernt, und blickte seelenruhig hinunter ins Wasser. Plötzlich entdeckte sie den Expreßzug, der sich in dem Augenblick doppelt so weit vom nähergelegenen Ende der Brücke befand, wie diese lang war, und der im 90-Meilen-Tempo** auf sie zugerast kam.

Ohne zu zögern, machte die Kuh einige gewaltige Sätze in Richtung auf den sich nähernden Zug und konnte sich um eine lächerliche Fuß-Breite in Sicherheit bringen. Wäre sie einem menschlichen Instinkt gefolgt und im gleichen Tempo vor dem Zug davongerannt, hätte der noch auf der Brücke 3 Zoll ihres Allerwertesten erwischt!«

Wie lang ist die Brücke, und wie schnell rannte Caseys Kuh?

* 1 engl. foot (Fuß) = 12 inches (Zoll) = 30,48 cm
** 1 engl. mile (Meile) = 1,6 km

Lösungen

Antwort 1

[Sam Loyd gibt auf dieses berühmte Rätsel eine falsche Antwort, wenn er sagt, daß das Seil sich um so schneller senkt, je weiter der Affe am Seil hinaufklettert. Die korrekte Antwort ist, daß Affe und Gewicht stets auf gleicher Höhe bleiben, egal, wie der Affe klettert. Der Affe kann nicht über oder unter das Gewicht gelangen, selbst wenn er das Seil losläßt, herunterspringt und dann das Seil wieder ergreift.

In seinem *Diary*, Bd. 2, S. 505, macht Lewis Carroll zu der Aufgabe eine Bemerkung; außerdem wird sie in *The Life and Letters of Lewis Carroll* von S. D. Collingwood, S. 317, sowie in *A Handbook of the Literature of the Reverend C. L. Dodgson* von Sidney Williams und Falconer Madan, S. XVII, und in *The Lewis Carroll Picture Book* von S. D. Collingwood, S. 267, behandelt. Im letztgenannten vertritt ein britischer Geistlicher die Ansicht, daß das Gewicht sich nie bewegt. Eine gründliche Durchleuchtung der Aufgabe findet sich in dem Brief von A. G. Samuelson, in: *Scientific American*, Juni 1956, S. 19. – M. G.]

Antwort 2

Wie die Abbildung zeigt, kann die Hängematte mit zwölf Schnitten zerlegt werden.

Antwort 3

Der Koch kaufte 16 Eier, aber der Lebensmittelhändler gab 2 Extra-Eier dazu, so daß es alles in allem 18 waren.

Antwort 4

Es ist möglich, eine Torte durch sieben gerade Schnitte in 29 Stücke zu zerlegen.

Das rechtwinklige Dreieck hat ganzzahlige Seiten mit den Längen 47, 1104 und 1105. Komisch, daß der Narr gerade auf 47 kam, bei dem es nur *eine* Antwort in ganzen Zahlen gibt. Hätte er 48 Stangen gewählt, hätte es zehn Antworten gegeben.

Die Antwort des Narren auf die Frage, warum das Schwert gebogen ist, treibt mir fast die Schamröte ins Gesicht. Es ist gebogen, damit es in die Scheide paßt!

Antwort 5

In der ersten Straße lieferte der Milchmann 32 Quart reine Milch, in der zweiten 24 Quart, in der dritten 18 und in der vierten $13^1/_2$, das ergibt zusammen $87^1/_2$ Quart.

Antwort 6

Um die Meisterschaft von Sleepy Hollow zu gewinnen, müßte Rip die Nr. 6 umwerfen. Dadurch wird die Kegelreihe in Gruppen von eins, drei und sieben aufgeteilt. Danach kann der kleine Kerl spielen, wie er will; verlieren wird er immer, solange Rip weiter die besten Züge spielt. Um das Spiel von vornherein gewinnen zu können, hätte der kleine Mann aus den Bergen die Nr. 7 umwerfen müssen, um die Reihe in zwei Gruppen von je sechs zu teilen. Dann braucht er nur noch genau dasselbe zu tun wie Rip, bis er das Spiel gewonnen hat.

[Loyds Bemerkungen zu dieser Geschichte sind nicht ernst zu nehmen. Es handelt sich dabei nur um seine eigene mathematische Version des Kegelspiels, das ursprünglich von Henry Dudeney stammt. Rip kann auch gewinnen, wenn er Kegel Nr. 10 umwirft, denn auch dadurch entstehen Gruppen von eins, drei und sieben. Näheres über das System des Spiels vgl. Dudeney, *The Canterbury Puzzles*, Aufgabe 73, und W. Rouse Ball, *Mathematical Recreations*. – M. G.]

Antwort 7

Pats Schweinchen-Rätsel kann nur gelöst werden, wenn man die Ställe klugerweise ineinander verschachtelt, so wie unten im Bild.

Antwort 8

Bei der hier gezeigten Route braucht man nur 14mal im rechten Winkel abzubiegen.

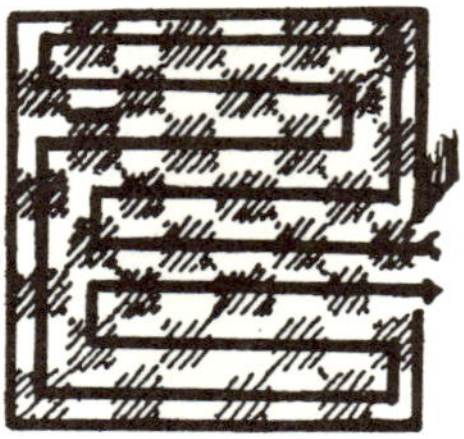

Antwort 9

Die Jones-Jungen verkauften 220 Zeitungen mehr als die Smith-Jungen. Die ursprüngliche Anzahl Zeitungen betrug 1020.

Antwort 10

Mary ist 27 Jahre und 6 Monate alt.

Antwort 11

Die Entfernung zwischen Pleasantville und Joytown beträgt 126 Meilen. [Wenn x die Entfernung vom Treffpunkt bis nach Pleasantville ist und x + 18 die Entfernung von Joytown bis zum Treffpunkt, dann beträgt Willis Geschwindigkeit x : $13^1/_2$ und Dustys Geschwindigkeit (x + 18) : 24. Die Zeit, die Willi brauchte, um x + 18 Meilen zurückzulegen, ist die Entfernung geteilt durch Willis Geschwindigkeit. Das ist, wie wir wissen, genau die gleiche Zeit, die Dusty brauchte, um x Meilen zurückzulegen, also x dividiert durch Dustys Geschwindigkeit. Das führt zu einer Quadratgleichung, die x einen Wert von 54 Meilen zumißt, wodurch der Treffpunkt 54 Meilen von Pleasantville und 72 Meilen von Joytown entfernt liegt. – M. G.]

Antwort 12

Um dieses Problem zu lösen, ohne π zu verwenden, ist es nötig, sich an Archimedes' große Entdeckung zu erinnern, daß nämlich das Volumen einer Kugel zwei Drittel so groß ist wie das Volumen eines zylindrischen Behälters, in den die Kugel genau hineinpaßt. Das Drahtknäuel hat einen Durchmesser von 24 Zoll, so daß sein Volumen genauso groß ist wie das eines Zylinders mit einer Höhe von 16 Zoll und einem Grundflächendurchmesser von 24 Zoll.

Der Draht ist nichts anderes als ein dünner langgezogener Zylinder. Wieviel Drahtabschnitte, von denen jeder 16 Zoll lang ist und dessen Durchmesser $^1/_{100}$ Zoll beträgt, haben das gleiche Volumen wie der 16 Zoll hohe Zylinder mit einem Grundflächendurchmesser von 24 Zoll? Die Flächeninhalte von Kreisen stehen im gleichen Verhältnis zueinander wie die Quadrate ihrer Durchmesser. Das Quadrat von $^1/_{100}$ ist $^1/_{10000}$, und das Quadrat von 24 ist 576. Daraus schließen wir, daß das Volumen des Zylinders genauso groß ist wie 5760000 des 16 Zoll langen Drahts. Die Gesamtlänge des Drahtes beträgt daher 5760000 mal 16 oder 92160000 Zoll. Das sind 1454 Meilen und 2880 Fuß*.

Antwort 13

Nach 12 Uhr zeigen die beiden Zeiger zum ersten Mal um $32^8/_{11}$ Minuten nach 12 in entgegengesetzte Richtungen und danach immer im Abstand von 1 Stunde $5^5/_{11}$ Minuten. Die Stellung des Sekundenzeigers beweist, daß die Uhr um $21^9/_{11}$ Minuten ($49^1/_{11}$ Sekunden) nach 10 Uhr getroffen worden sein muß.

Antwort 14

Wenn sich die Fährboote bei Punkt X treffen (s. Abb.), sind sie 720 Yards vom einen Ufer entfernt. Die Entfernung, die beide gemeinsam zurückgelegt haben, entspricht der Breite des Flusses. Wenn sie das entgegengesetzte Ufer erreichen, dann entspricht die Entfernung, die beide zurückgelegt haben, der doppelten Breite des Flusses. Auf der Rückfahrt begegnen sie sich bei Punkt Z, nachdem sie zusammen die Entfernung zurückgelegt haben, die dreimal der Breite des Flusses entspricht, so daß jedes Boot dreimal so weit gefahren ist als zum Zeitpunkt ihrer ersten Begegnung.

* 1 engl. mile (Meile) = 5280 foot (Fuß) = 1,6 km

Beim ersten Treffen hatte das eine Boot 720 Yards zurückgelegt, so daß es, wenn es Z erreicht, dreimal diese Entfernung zurückgelegt haben muß, was 2160 Yards entspricht. Wie man aus der Zeichnung ersieht, ist diese Entfernung 400 Yards größer als die Breite des Flusses, so daß wir nichts weiter zu tun brauchen, als 400 von 2160 abzuziehen, um auf die Breite des Flusses zu kommen. Sie beträgt 1760 Yards, also genau eine Meile.

Wie lange die Schiffe an der Landestelle zubringen, hat keine Bedeutung für das Rätsel.

Antwort 15

Die 13 Streichhölzer werden so gelegt, daß sie die Buchstaben des Wortes ZEHN bilden, und die sechs so, daß sie das Wort NIX bilden.

Antwort 16

Da der Geizhals jede Münzsorte gleichmäßig in vier, fünf und sechs Teile aufteilen konnte, muß er von jeder wenigstens 60 gehabt haben, was einer Gesamtsumme von 2100 Dollar entspricht.

Antwort 17

Aus den gegebenen Informationen können wir schließen, daß Jack in 10 Wochen eine Tonne mageres Fleisch verdrückt, daher würde er die halbe Tonne in 5 Wochen schaffen. Während der gleichen Zeit würde seine Frau (die in 12 Wochen eine Tonne fettes Fleisch konsumiert) mit $^{5}/_{12}$ einer Tonne fettem Schweinefleisch fertig. Dadurch bleibt für beide $^{1}/_{12}$ einer Tonne fettes Fleisch übrig, das mit einer Geschwindigkeit von einer Tonne pro 60 Tagen aufgebraucht werden müßte. Damit wären sie in 5 Tagen fertig, so daß die Gesamtzeit 35 + 5 Tage = 40 Tage betrüge.

Antwort 18

[Loyds Lösung mit sechs Teilen ist unten gezeigt. Eine völlig andere Lösung mit zehn Teilen findet sich in Dudeneys *The Canterbury Puzzles*, Aufgabe 37. – M. G.]

Antwort 19

Jennys Trick bestand darin, daß der eine Ring, wie gezeigt, von links bis ganz nach rechts verlegt wurde.

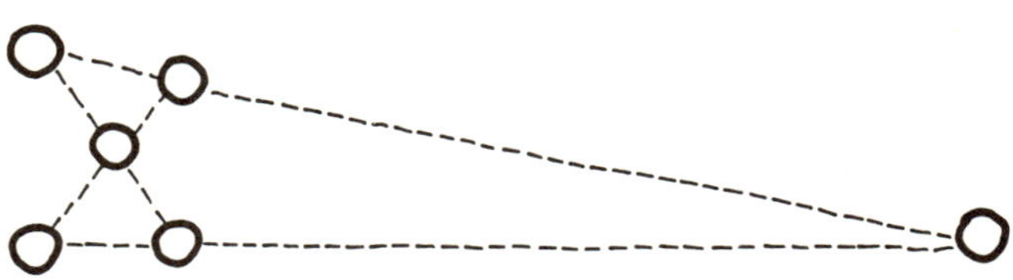

Antwort 20

Die verschiedenen Handwerker berechneten ihre Arbeit wie folgt:

Tapezierer	200 Dollar
Maler	900 Dollar
Installateur	800 Dollar
Elektriker	300 Dollar
Zimmermann	3000 Dollar
Maurer	2300 Dollar

[Einen interessanten Trick für eine Dollar-Rechnung, der die Formel zur Lösung von Aufgaben dieser Art zugrunde liegt, finden Sie in meinem Buch *Mathematics, Magic and Mystery* in dem Spiel mit dem Titel »Heath's Bill Trick«. – M. G.]

Antwort 21

Die Zeit beträgt $18^6/_{13}$ Minuten nach 8, was dasselbe ist wie 18 Minuten $27^9/_{13}$ Sekunden.

Antwort 22

[Die Gesamtzeit, die Jack braucht, um den Berg hinauf und wieder hinunter zu gelangen, beträgt genau 6,3 Minuten oder 6 Minuten und 18 Sekunden. Die Aufgabe wird algebraisch gelöst, indem man für Jacks Aufstieg 2x einsetzt und für seinen Abstieg 3x, 2y für Jills Aufstieg, 3y für ihren Abstieg. Setzen Sie die Zeit, die Jack benötigt, bis er Jill trifft, mit der Zeit, die Jill benötigt, bis sie Jack trifft, gleich. Dann setzen Sie Jacks Gesamtzeit plus $^1/_2$ Minute mit Jills Gesamtzeit gleich. Jetzt können die beiden Simultangleichungen für x und y gelöst werden. – M. G.]

Antwort 23

Bezeichnen Sie die eine 10-Gallonen-Milchkanne mit A, die andere mit B, und gehen Sie dann folgendermaßen vor:

Schöpfen Sie den 5-Quart-Kübel aus Kanne A.
Schöpfen Sie den 4-Quart-Kübel aus dem 5-Quart-Kübel und lassen Sie 1 Quart in dem 5-Quart-Kübel.
Leeren Sie den 4-Quart-Kübel in Kanne A.
Schütten Sie das Quart aus dem 5-Quart-Kübel in den 4-Quart-Kübel.
Schöpfen Sie den 5-Quart-Kübel aus Kanne A.
Schöpfen Sie den 4-Quart-Kübel aus dem 5-Quart-Kübel und lassen Sie 2 Quart in dem 5-Quart-Kübel.
Leeren Sie den 4-Quart-Kübel in Kanne A.
Nehmen Sie den 4-Quart-Kübel aus Kanne B.
Schütten Sie den 4-Quart-Kübel in Kanne A, bis A voll ist, wobei in dem 4-Quart-Kübel 2 Quart zurückbleiben.

Jeder Kübel enthält jetzt 2 Quart, Kanne A ist voll, und aus Kanne B fehlen 4 Quart.

Antwort 24

Angenommen, Wagen und Lokomotive sind von links nach rechts mit A, B, C, D, E, F, G, H, I gekennzeichnet. E ist die kaputte Lokomotive und F die Lokomotive, die die ganze Arbeit verrichtet. Die Aufgabe ist nach 31 Lokomotivbewegungen wie folgt gelöst:

Lokomotive F bewegt sich direkt zu Lokomotive E, macht an E fest und zieht sie in Teil D der Weiche (1 Rangierbewegung).
F fährt durch die Weiche, macht an D fest, zieht D zu Teil D der Weiche und schiebt E gleichzeitig nach rechts (3 Rangierbewegungen).
F fährt wieder durch die Weiche, macht an C fest, zieht C zu Teil D und schiebt D nach rechts (3 Rangierbewegungen).

F fährt durch die Weiche, macht an B fest, zieht B zu Teil D und schiebt D nach rechts (3 Rangierbewegungen).
F fährt durch die Weiche, macht an A fest, zieht A zu Teil D und schiebt B nach rechts (3 Rangierbewegungen).
F fährt durch die Weiche, dann nach rechts und schiebt A gegen B. Die Wagen ABCDEG werden angekoppelt (3 Rangierbewegungen).
F zieht ABCDEG nach links, schiebt dann G zu Teil A der Weiche (2 Rangierbewegungen).
F zieht ABCDE nach links und schiebt sie dann nach rechts (2 Rangierbewegungen).
F fährt allein nach links, stößt zurück und macht an G fest, zieht G nach links (3 Rangierbewegungen).
F fährt nach rechts und schiebt G an A. G wird an A angekoppelt, dann zieht F die gesamte Wagenreihe und die Lokomotive nach links (2 Rangierbewegungen).
F bringt H und I zu den Teilen A und B der Weiche zurück, zieht GABCDE nach links und schiebt dann alle zusammen nach rechts (3 Rangierbewegungen).
F zieht G nach links, stößt zurück und koppelt G an H an, zieht GHI nach links und fährt dann weiter. Dadurch steht der andere Zug, die Wagen in der gleichen Reihenfolge wie vorher, auf der geraden Spur rechts von der Weiche (3 Rangierbewegungen).

Antwort 25

Die billigste Art, eine endlose Kette aus 6 fünfgliedrigen Einzelstücken anzufertigen, ist, alle fünf Glieder eines Stücks zu öffnen und sie dann dazu zu benutzen, die restlichen fünf Stücke zu einer endlosen Kette zusammenzufügen. Die Kosten dafür wären 1,30 Dollar, was 20 Cents billiger ist als eine neue endlose Kette.

Antwort 26

Die erste Pfefferkuchenaufgabe wird wie folgt beantwortet:

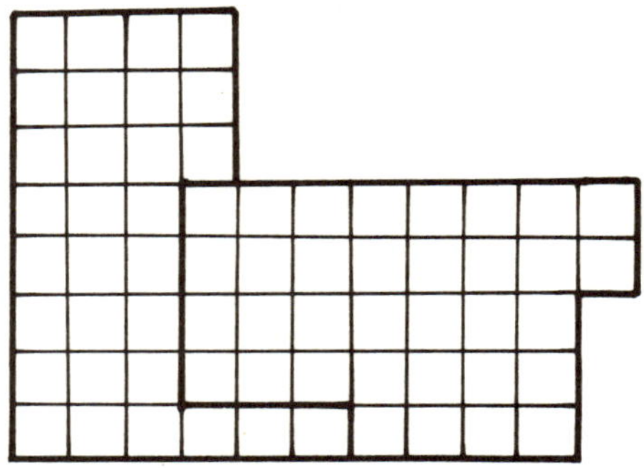

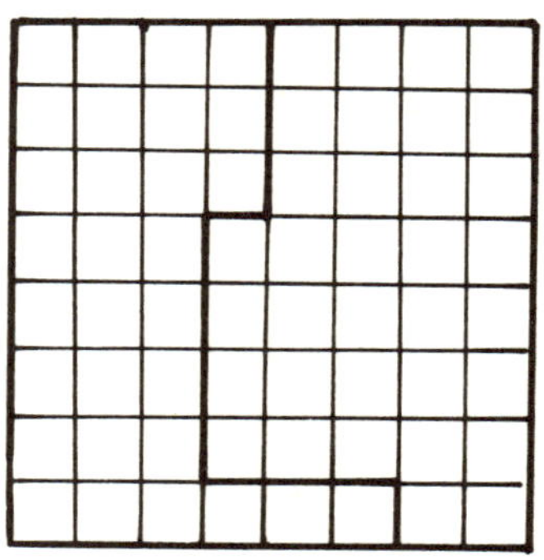

[Die beste Lösung, die ich für die zweite Aufgabe finden kann, die in der *Cyclopedia* nicht beantwortet ist, ist S. 173 oben aufgeführt. Jedes Stück enthält 29 kleine Quadrate. Wenn irgendein Leser auf eine bessere Lösung kommt, würde ich gern mehr darüber erfahren. – M. G.]

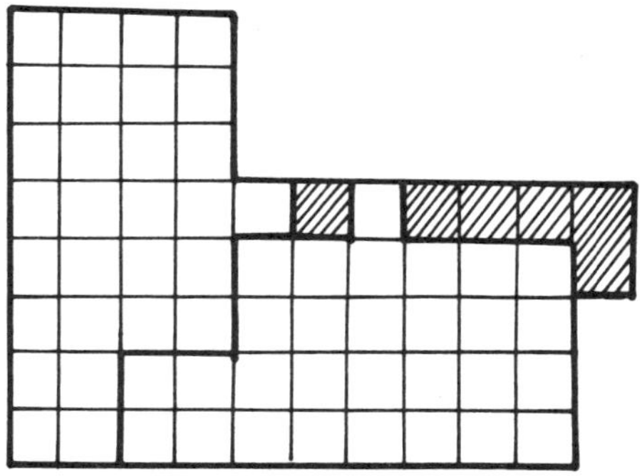

Antwort 27

Hank besaß 11 Tiere, Jim 7 und Duke 21, was zusammen 39 Tiere ergab.

Antwort 28

Um Aufgaben dieser Art zu lösen, sollten Sie zuerst feststellen, welche Entfernung der Mann zurücklegen muß, um das Schwein zu fangen, wenn sich Schwein und Mann beide auf einer geraden Linie fortbewegen. Fügen Sie dann die Strecke hinzu, die der Mann zurücklegen würde, um das Schwein zu fangen, wenn sie beide auf einer geraden Linie aufeinander zulaufen würden. Teilen Sie das Ergebnis durch zwei, dann haben Sie die Entfernung, die der Mann zurücklegt.

In diesem Fall befindet sich das Schwein 250 Yards entfernt, und die Geschwindigkeit des Mannes zu dem des Schweins steht im Verhältnis 4 : 3, so daß der Mann, wenn beide auf einer geraden Linie laufen, 1000 Yards zurücklegen müßte, um das Schwein einzuholen. Wenn sie aufeinander zulaufen, muß der Mann $^4/_7$ von 250 oder $142^6/_7$ Yards zurücklegen. Wenn wir die beiden Entfernungen addieren und durch 2 teilen, kommen wir für die Entfernung, die der Mann zurückgelegt hat, auf $571^3/_7$ Yards. Da das Schwein mit $^3/_4$ der Geschwindigkeit des

Mannes läuft, hat es $3/4$ der Entfernung des Mannes zurückgelegt, oder $428\,4/7$ Yards.

[Wenn das Schwein genauso schnell oder schneller als der Mann laufen kann, dann läßt sich aus Loyds Regeln leicht ersehen, daß es unmöglich gefangen werden kann. Aber wenn der Mann schneller läuft als das Schwein, kriegt er es auf jeden Fall. Der Weg, den der Mann zurücklegt, stellt eine der einfachsten »Verfolgungskurven« dar, und die Beschäftigung mit ihr gehört mit zum interessantesten aus dem Bereich, den man als »Entspannungsrechnung« bezeichnen könnte. – M. G.]

Antwort 29

Vor 40 Jahren war Biddy 18, weshalb sie jetzt 58 ist.

Antwort 30

Die Schlüsselwörter sind »PEACH BLOWS« (eine beliebte Abart der Kartoffel). Versehen Sie die Buchstaben mit Zahlen von 1 bis 0, und Sie werden feststellen, daß die Wörter auf der Tafel bei richtiger Umsetzung »ALL WOOL« [ALLES WOLLE] ergeben, was zumindest ein bemerkenswertes Zusammentreffen ist.

Antwort 31

Der Ball würde eine Entfernung von 218, *77777* ... Fuß oder 218 Fuß, $9\,1/3$ Zoll zurücklegen.

Antwort 32

Josef und Maria müssen 300 Hühner haben und genügend Futter für 60 Tage.

Antwort 33

Die Route, die in der Abbildung eingezeichnet ist, führt Clancy an *allen* Häusern vorbei.

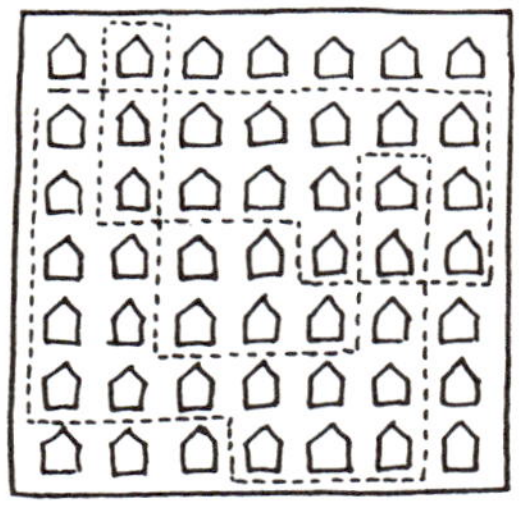

Antwort 34

(1) Es gibt eine unendliche Zahl von Möglichkeiten, ein griechisches Kreuz in vier Teile zu zerschneiden, die ein Quadrat ergeben. Die Darstellung unten zeigt eine davon. Es ist eine erstaunliche Tatsache, daß jede beliebigen zwei geraden Schnitte, die parallel zu den zwei Schnitten, die hier gezeigt sind, verlaufen, das gleiche Resultat erzielen. Die so entstandenen vier Stücke ergeben immer ein Quadrat.

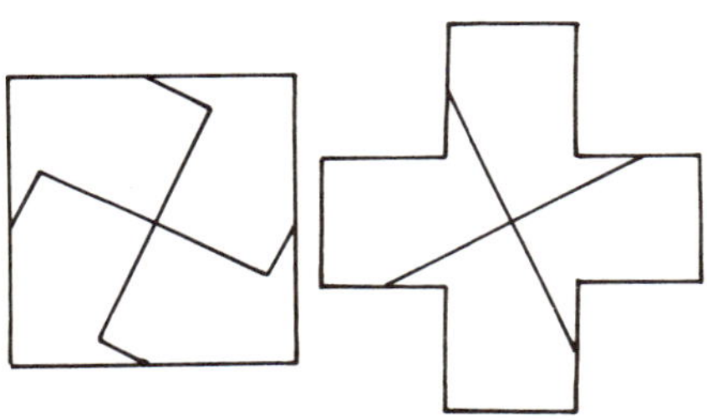

(2) 

(3) 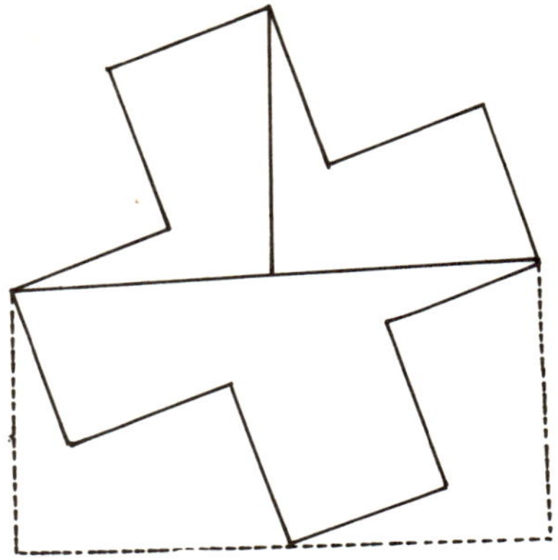

Antwort 35

Flasche und Bürste können in 17 Zügen wie folgt umgestellt werden:

1. Flasche
2. Bürste
3. Bügeleisen
4. Flasche
5. Pfefferdose
6. Mausefalle
7. Flasche
8. Bügeleisen
9. Bürste
10. Pfefferdose
11. Bügeleisen
12. Flasche
13. Mausefalle
14. Bügeleisen
15. Pfefferdose
16. Bürste
17. Flasche

Antwort 36

Wenn die Dame x Schnürsenkel gekauft hat, dann muß sie 4x Schächtelchen Nadeln und 8x Taschentücher gekauft haben. Die Summe ihrer Quadrate ist gleich 3,24 Dollar, was für x einen Wert von 2 ergibt, so daß die Dame 2 Schnürsenkel, 8 Schächtelchen Nadeln und 16 Taschentücher gekauft hat.

Antwort 37

Miss Pocahontas ist 24, der kleine John 3 Jahre alt.

Antwort 38

Damit sich die äußeren Räder doppelt so schnell drehen können wie die inneren, muß der äußere Kreis den doppelten Umfang des inneren Kreises haben. Daher muß der Abstand von 5 Fuß zwischen den inneren und äußeren Rädern halb so groß sein wie der Radius des äußeren Kreises: Der äußere Kreis hat einen Durchmesser von 20 Fuß und einen Umfang von $\pi \times 20$ oder 62,832 Fuß.

Antwort 39

Der Kunde kaufte die 13- und 15-Gallonen-Fässer Öl zu 50 Cents pro Gallone und die 8-, 17- und 31-Gallonen-Fässer Essig zu 25 Cents pro Gallone. Dadurch bleibt das 19-Gallonen-Faß übrig, das entweder Öl oder Essig enthalten kann.

Antwort 40

Der Preis wird jedesmal um $^2/_5$ des vorherigen gesenkt, so daß der nächste Preis $51^2/_{10}$ Cents beträgt.

Antwort 41

Die obere Darstellung zeigt den Weg der fünf Wachen, und die untere, wie der Wächter zu der dunklen Zelle gelangte, indem er nur 16mal abbog.

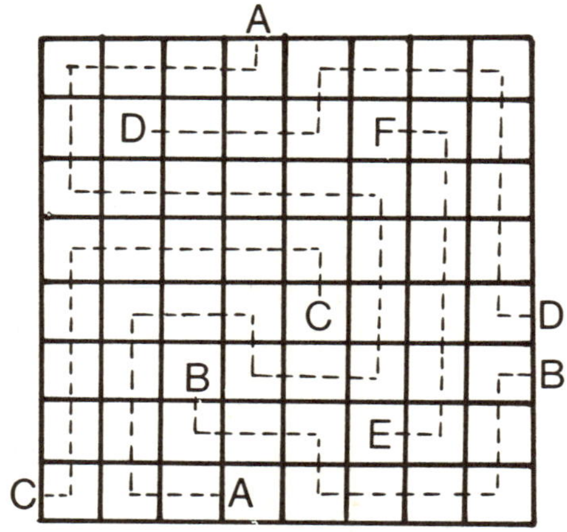

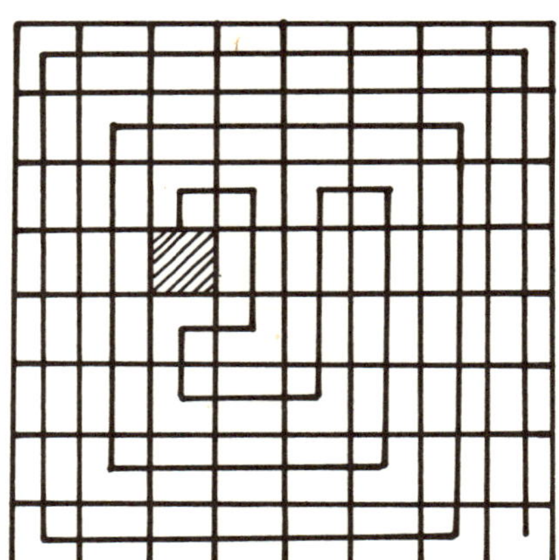

Antwort 42

Die fünf Jungen werden ausgezählt, indem statt 13 die Zahl 14 verwendet wird. Dabei wird ebenfalls bei dem Mädchen ohne Hut mit Zählen begonnen, dann geht es im Uhrzeigersinn rund um den Kreis weiter.

Antwort 43

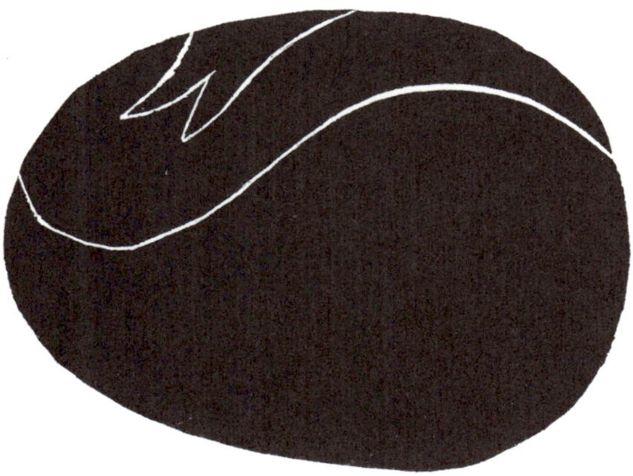

Antwort 44

[Setzen wir x für die Kosten des Huts ein, den Reuben tatsächlich gekauft hat, und y für die Kosten seines Anzugs. Der Hut, den Cynthia gekauft hat, hat ebenfalls den Wert y und ihr Kleid $x - 1$. Wir wissen, daß $x + y = 15$ Dollar ist. Wenn also die 15 Dollar, die sie für Hüte ausgegeben haben, durch zwei Preise geteilt werden, von denen einer $1^1/_2$mal so groß ist wie der andere, dann müssen die neuen Preise 6 Dollar und 9 Dollar sein. Aus den Daten läßt sich nun folgende Gleichung aufstellen:

$$9 + x - 1 = 6 + 15 - x$$

Das zeigt, daß x = 6,50 Dollar ist, der Preis, den Reuben für seinen Hut bezahlt hat. Daraus folgt, daß er für seinen Anzug 8,50 Dollar bezahlte und sie für ihren Hut 8,50 Dollar und für ihr Kleid 5,50 Dollar. Das macht zusammen: 29 Dollar. – M. G.]

Antwort 45

Lisa muß in ihrer Herde acht Schafe gehabt haben. Acht Stangen, die ein Quadrat bilden, fassen die gleiche Grundfläche ein wie zehn Stangen bei einem Rechteck, mit fünf Stangen an der langen und zwei an der kurzen Seite.

Antwort 46

Fido ist 10 und die Schwester 30 Jahre alt.

Antwort 47

Eine gute Regel, falsche Waagen von der Art, wie sie hier beschrieben wurden, ausfindig zu machen, ist die folgende: Wiegen Sie einen Artikel zuerst auf der einen Seite der Waage, dann auf der anderen; wenn Sie die beiden Ergebnisse multiplizieren, dann stellt die Quadratwurzel aus dem Ergebnis das wahre Gewicht der Ware dar.

Wir wissen, daß eine Pyramide 1 Unze wiegt, und erfahren, wenn der Inspektor die erste Gewichtsprüfung vornimmt, daß ein Würfel $^3/_8$ Unze wiegt. Beim zweiten Abwiegen, mit dem Würfel in der anderen Waagschale, stellt sich heraus, daß ein Würfel 6 Unzen wiegt. $6 \times {}^3/_8 = {}^{18}/_8$ oder $^9/_4$, und die Quadratwurzel daraus ist $^3/_2$ oder $1^1/_2$ Unze. Daher wiegt ein Würfel $1^1/_2$ Unze, und bei einer ehrlichen Waage müßten 8 Würfel mit 12 Pyramiden im Gleichgewicht stehen.

Antwort 48

Die Abbildung unten zeigt, wie die 16 Schachfiguren angeordnet sind. Die Tatsache, daß zwei Figuren in den mittleren Quadraten stehen müssen, scheidet von vornherein viele Antworten aus, die sonst genauso richtig wären wie die hier gezeigte.

Antwort 49

Die Zahl der Kinder auf dem Karussell einschließlich Sammy belief sich auf 13.

Antwort 50

Bei Aufgaben dieser Art ist es üblich, die Gesamtzeit zu halbieren, um eine Durchschnittsgeschwindigkeit zu erhalten, vorausgesetzt, daß der Wind die Geschwindigkeit des Radfahrers in der einen Richtung genauso stark beschleunigt, wie er sie in der anderen Richtung behindert. Aber das stimmt nicht, weil der Radfahrer mit dem Wind nur 3 Minuten braucht, dagegen 4 Minuten gegen den Wind. Wenn er mit dem Wind 1 Meile in 3 Minuten zurücklegt, braucht er für $1^{1}/_{3}$ Meile 4 Minuten. Gegen den Wind braucht er auch 4 Minuten, so daß er in 8 Minuten $2^{1}/_{3}$ Meile zurücklegt, wobei ihn der Wind die Hälfte der Zeit unterstützt und die andere Hälfte behindert. Daher braucht der Wind nicht berücksichtigt zu werden, und wir kommen zu dem Schluß, daß er ohne Wind für $2^{1}/_{3}$ Meile 8 Minuten braucht, was einer Meile in $3^{3}/_{7}$ Minuten entspricht.

Antwort 51

Durch einen geraden Schnitt durch die Mitte des Sterns und durch Verbinden der Spitzen am Rand ist die Aufgabe gelöst. Rücken Sie einfach das dunkle Stück A (im Bild unten), wie gezeigt, nach rechts.

Antwort 52

[Bei den Antworten in der *Cyclopedia* gibt Loyd nur Lösungen, die nicht legitim sind. Zum Beispiel:

$$\begin{array}{r} 70 \\ 13 \\ 6 \\ 5 \\ 4 \\ \hline 98 \\ 2 \\ \hline 100 \end{array}$$

Dazu sind zwei Additionen erforderlich, was den gestellten Bedingungen widerspricht.

Loyd gibt weitere sechs Antworten, bei denen Brüche verwendet werden (offensichtlich können die beiden Punkte auch für Bruchstriche stehen). Zum Beispiel:

$$\begin{array}{r} 24\,^{3}/_{6} \\ 75\,^{9}/_{18} \\ \hline 100 \end{array}$$

Ich weiß nicht, was sich Loyd gedacht hat, als er nach der »wirklichen Antwort« auf seine Aufgabe fragt, aber wenn wir die vier Punkte als Zeichen für sich wiederholende Dezimalzahlzahlen verwenden, genau auf die gleiche Art und Weise wie in Loyds »Columbus-Rätsel«, das sich an anderer Stelle in diesem Band befindet (Aufgabe 135), kann die Lösung folgendermaßen aussehen:

$$\begin{array}{r} 79.\dot{3}\ (\text{oder } 79\,^{1}/_{3}) \\ 8.\dot{6}\ (\text{oder } 8\,^{2}/_{3}) \\ 5 \\ 4 \\ 2 \\ 1 \\ 0 \\ \hline 100 \end{array}$$

Antwort 53

Im letzten Jahr zog Mrs. Wiggs auf einem Quadrat des Feldes mit 105 Pflanzstellen an jeder Seite 11025 Kohlköpfe auf. In diesem Jahr wird sie auf einem Quadrat mit 106 Pflanzstellen an jeder Seite 11236 Kohlköpfe ziehen.

Antwort 54

Aus der Art, wie die Kastanien aufgeteilt wurden, erfahren wir, daß das Alter der Mädchen im Verhältnis 9:12:14 steht. Daher wurden die 770 Kastanien so geteilt, daß das jüngste Mädchen 198 erhielt, das nächstältere 264 und das älteste 308. Was das Alter der Mädchen betrifft, so läßt es sich nicht genau bestimmen. Wir wissen nur, daß ihr Alter im Verhältnis 9:12:14 steht. Nach dem Bild könnte man sie für $4\,^{1}/_{2}$, 6 und 7 Jahre halten.

Antwort 55

Alle Rätselrater sollten wissen, daß die Höhe eines Turms oder eines Mastens aus der Länge seines Schattens bemessen werden kann. Ein gutes Beispiel für dieses Prinzip findet sich in Arthur Conan Doyles Roman *The White Company,* als Sir Nigel und seine tapferen Kameraden in einem belagerten Schloß eingesperrt werden:

Der grauhaarige Bogenschütze nahm von seinen Kameraden mehrere Seile, knotete sie aneinander und legte sie in dem langen Schatten aus, den der finstere Kerker in der aufgehenden Sonne warf. Dann stellte er den Eibenholzpfeil seines Bogens senkrecht und maß seine lange, dünne schwarze Linie, die sich auf dem Rasen abzeichnete. »Ein Stab von sechs Fuß Länge wirft einen Schatten von zwölf Fuß«, murmelte er. »Der Kerker wirft einen Schatten von sechzig Schritt, folglich müßten dreißig Schritt Seil genügen.«

Hier liegt das Geheimnis unseres Rätsels. Alle Schatten im Bild stehen im gleichen Verhältnis zur Höhe des Objekts, das sie geworfen hat. Eine senkrechte Linie von der Fingerspitze des Mannes zum Boden, der auf den Jungen zeigt, beweist, daß die Schatten ein Drittel der Höhe ihres Objektes betragen. Der Pfahl ist daher dreimal so lang wie sein Schatten vom Mittelpunkt der Grundfläche bis zum Ende der Schattenlinie. Wenn wir die Breite der Spur an der Stelle messen, auf die der Schatten des Pfahls fällt, und uns daran erinnern, daß die Schienen 4 Fuß und 8 Zoll breit sind, wissen wir auch, wie hoch der Pfahl ist, nämlich 19 Fuß und 8 Zoll.

Antwort 56

[Diese verwirrende kleine Aufgabe kann auf unzählige verschiedene Arten gelöst werden. Eine Möglichkeit besteht darin, für die Entfernung vom Treffpunkt bis Glasgow x einzusetzen, und 189 − x für die Entfernung von Inverness bis zum Treffpunkt. Die Zeit, die die Kutsche braucht, um von Inverness bis zum Treffpunkt zu fahren, kann 189 − 2x (der Unterschied zwischen den beiden Entfernungen in Meilen) gleichgesetzt werden. Dieses wiederum ist gleich der Zeit, die der Zug braucht, um von Glasgow bis zum Treffpunkt zu fahren. Aus diesen beiden Gleichungen erfahren wir, daß die Geschwindigkeit der Kutsche eine Meile pro Stunde größer ist als die Geschwindigkeit des Zugs.

Diese Information, zusammen mit der Tatsache, daß die Kutsche für 189 Meilen 12 Stunden weniger benötigt als der Zug, befähigt uns, eine Gleichung aufzustellen, die beweist, daß die Geschwindigkeit der Kutsche $4^1/_2$ Meilen pro Stunde beträgt. Die Geschwindigkeit des Zugs beträgt daher $3^1/_2$ Meilen pro Stunde. Jetzt läßt sich leicht erkennen, daß die Entfernung vom Treffpunkt bis Glasgow genau $82^{11}/_{16}$ Meilen beträgt. – M. G.]

Antwort 57

Der zweite Spieler kann das Gänseblümchen-Spiel stets gewinnen, indem er so spielt, daß er die Blütenblätter in zwei gleiche Gruppen aufteilt. Wenn der erste Spieler, zum Beispiel, ein Blütenblatt nimmt, nimmt der zweite Spieler zwei gegenüberliegende Blütenblätter, so daß zwei Gruppen zu je fünf zurückbleiben; und wenn der erste Spieler zwei Blütenblätter nimmt, nimmt der zweite Spieler ein gegenüberliegendes Blütenblatt, um das gleiche Resultat zu erzielen. Danach macht er einfach die gleichen Züge wie der erste Spieler. Wenn der erste Spieler zwei Blütenblätter nimmt, um in einer Gruppe eine 2:1-Kombination herzustellen, nimmt der zweite Spieler die entsprechenden zwei Blütenblätter, um eine 2:1-Kombination in der anderen Gruppe herzustellen. Auf diese Weise kommt er bestimmt als letzter dran.

Antwort 58

Das $^3/_4$-Pfund-Gewicht gleicht eindeutig $^1/_4$ eines Ziegelsteins; daher muß ein Ziegelstein $^{12}/_4$ oder 3 Pfund wiegen.

Antwort 59

Vier Schiffe bewegen sich, wie unten gezeigt, auf die Mitte zu, um vier Reihen zu bilden, jede Reihe mit vier Schiffen. Die fünfte Reihe ist die horizontale Reihe unten.

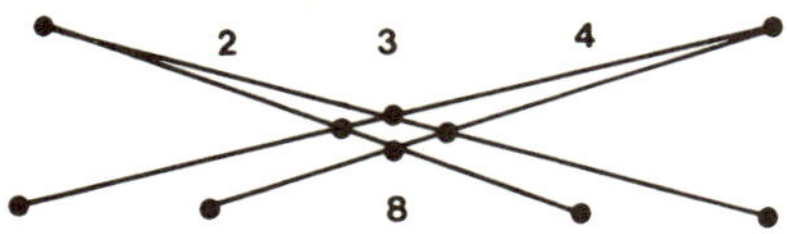

Antwort 60

[Jedes ovale Stück wird in drei Teile geschnitten, wie das in Fig. 4 geschehen ist; dann werden die sechs Stücke zusammengelegt, so daß sie die runde Tischplatte in Fig. 3 bilden.

In Henry Dudeneys *Amusements in Mathematics*, Aufgabe 157, findet sich eine andere Sechs-Stück-Lösung für dieses Rätsel. Sam Loyd entdeckte später eine Vier-Stücke-Lösung, bei der die Löcher quer statt längs verlaufen und die in Dudeneys *Puzzles and Curious Problems*, Aufgabe 183, aufgenommen ist. – M. G.]

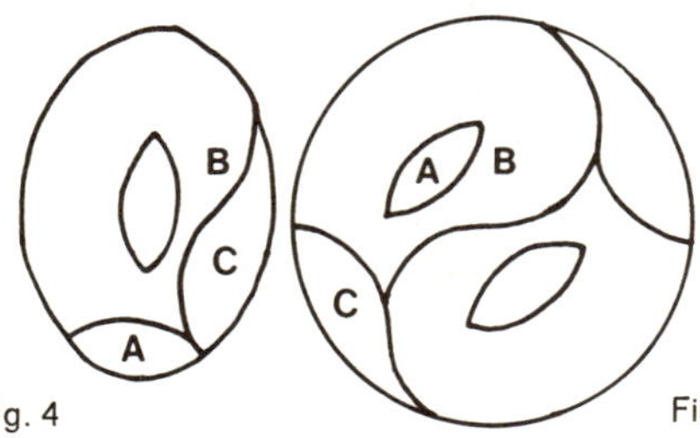

Fig. 4 Fig. 3

Antwort 61

Es wird sich herausstellen, daß es 372 verschiedene Möglichkeiten gibt, »Red Rum« zu buchstabieren, wobei das Ende jedesmal in der Mitte des Quadrats ist. Dann aber kommt das Merkwürdige an diesem Rätsel (das sich allerdings von selbst versteht), daß es nämlich genauso viele Möglichkeiten geben muß, »Murder« zu buchstabieren wie »Red Rum«. Daher gibt uns das Quadrat von 372, was dasselbe ist wie 138384, die Gesamtzahl der verschiedenen Möglichkeiten, »Red Rum & Murder« zu buchstabieren.

Antwort 62

[Loyds Lösung für sein erstes Monaden-Rätsel ist im mittleren Bild zu sehen. Die Bilder an den Seiten zeigen die Lösung für das dritte Rätsel. Er beantwortet das zweite Rätsel, indem er nichts anderes sagt, als daß im mittleren Bild ein gerader Schnitt von A zu B gezogen werden soll. Die genaue Position der Punkte A und B und auch den Beweis dafür, daß dadurch tatsächlich Yin und Yang in zwei Teile gleicher Flächen zerlegt werden, finden Sie in Henry Dudeneys *Amusements in Mathematics,* Aufgabe 158. Sehen Sie sich auch seine Aufgabe 160 an, die eine etwas veränderte Version von Loyds drittem Rätsel darstellt. – M. G.]

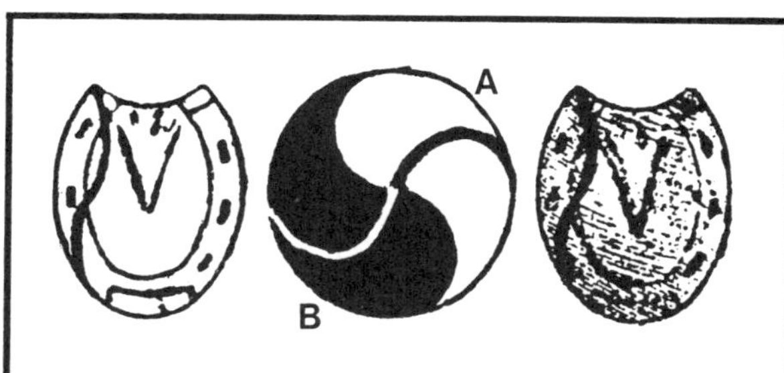

Antwort 63

[Die Gleichungen für diese Aufgabe zu bilden, ist schwieriger, als man erwarten würde. Wenn x die Entfernung vom Hotel zum Stationshaus ist, dann geht der Mann x −4 Meilen, während die Kutsche 30 Minuten wartet. Der Mann geht daher mit einer Geschwindigkeit von $2x - 8$ Meilen pro Stunde. Da der Mann 4 Meilen zurücklegt, während die Kutsche x Meilen fährt, können wir die Geschwindigkeit der Kutsche mit

$$\frac{x(x-4)}{2}$$

ausdrücken.

Jetzt können zwei Gleichungen aufgestellt werden, die x und y beinhalten, wobei y die Entfernung vom Stationshaus bis Piketown ist. Man setzt die Zeit, die der Mann braucht, um die gesamte Entfernung minus eine Meile zurückzulegen, mit der Zeit gleich, die die Kutsche braucht, um die gesamte Entfernung plus 30 Minuten zurückzulegen. Zum anderen wird die Zeit, die der Mann braucht, um vom Stationshaus bis Piketown plus 15 Minuten zu gehen, mit der Zeit gleichgesetzt, die die Kutsche braucht, um die gleiche Strecke plus 30 Minuten zu bewältigen. Die Gleichungen geben x einen Wert von 6 und y einen Wert von 3, woraus sich vom Hotel bis Piketown eine Entfernung von insgesamt 9 Meilen ergibt. Die Kutsche bewegt sich mit 6 Meilen pro Stunde voran, der Mann mit 4. – M. G.]

Antwort 64

Zwei Krüge stehen im Gleichgewicht zu drei Tellern, daher wissen wir, daß ein Teller $^2/_3$ eines Krugs wiegt. Nun wollen wir in der zweiten Abbildung jeder Seite der Waage ein Glas hinzufügen, um die linke Seite genauso zu belasten wie die linke Seite in der ersten Abbildung. Das beweist, daß der Krug genauso schwer ist wie ein Teller und zwei Gläser; und da ein Teller $^2/_3$ eines Krugs schwer ist, müssen die zwei Gläser das andere $^1/_3$ wettmachen. Jedes Glas wiegt daher $^1/_6$ eines Krugs.

In der ersten Abbildung sehen wir, daß ein Glas ($^1/_6$ eines Krugs) und eine Flasche im Gleichgewicht zu einem Krug stehen, woraus wir schließen dürfen, daß eine Flasche $^5/_6$ eines Krugs wiegen muß. Um die Flasche im unteren Bild auszuwiegen, benötigen wir daher 5 Gläser.

Antwort 65

Der zusätzliche Alkoholvorrat, der von dem Vertreter gekauft wurde, erhöhte seinen Bestand auf 343 Dollar zum Einkaufspreis. Darauf schlug er einen Gewinn von 10%, wodurch sich der Verkaufspreis auf 377,30 Dollar belief. Zum Verkaufspreis verkaufte er Ware für 285,80 Dollar, wodurch er, wie im Bild gezeigt, nur noch Ware im Wert von 91,50 Dollar hat. Zum Einkaufspreis würde dieser Bestand 83,18 Dollar wert sein. Wenn man diese Summe von 343 Dollar (dem Einkaufswert des gesamten Vorrats) abzieht, zeigt sich, daß er Alkohol zum Einkaufspreis von 259,82 Dollar verkauft hat. Diesen Betrag ziehen wir vom gesamten Umsatz (285,80 Dollar) ab und stellen fest, daß der Gewinn der Stadt an Alkoholverkäufen 25,98 Dollar betrug.

Das läßt sich folgendermaßen überprüfen: Der Gewinn von 25,98 Dollar wird zu den 12 Dollar in bar zu Beginn und den 59,50 Dollar, die der Alkohol wert ist, addiert, was insgesamt 97,48 Dollar ergibt. Davon ziehen wir die Vertreterprovision (5% von 285,80 Dollar) in Höhe von 14,29 Dollar ab, dann bleibt Alkohol zum Einkaufspreis von 83,19 Dollar übrig, der noch nicht verkauft ist, wodurch bewiesen ist, daß die Bücher des Vertreters richtig geführt wurden.

Antwort 66

Die wohltätige Dame hatte zu Beginn ihres Spaziergangs 42 Cents.

Antwort 67

Die beiden Kinder waren durch den Kalender so durcheinander gebracht, daß sie sich Sonntag früh auf den Schulweg begaben!

Antwort 68

[Nehmen wir x für die Gesamtzahl der Masten und y für die Zahl der Stunden, die das Auto braucht, um $3^5/_8$ Meilen zurückzulegen. Das Auto kommt in y Stunden an x Masten vorbei, in einer Stunde an $^x/_y$ Masten und in einer Minute an $^x/_{60y}$ Masten. Da wir erfahren haben, daß $3^5/_8$ mal der Anzahl Masten pro Minute der Geschwindigkeit des Autos in Meilen pro Stunde entspricht, können wir folgende Gleichung aufstellen:

$$\frac{3\,^5/_8 x}{60y} = \frac{3\,^5/_8}{y}$$

Die Wagengeschwindigkeit von $3^5/_8$ dividiert durch y kürzt sich weg, wodurch sich 60 als Wert von x ergibt. Da in $3^5/_8$ Meilen oder 19140 Fuß 60 Masten stehen, teilen wir 19140 durch 60 und erhalten als Entfernung zwischen den Masten 319 Fuß. Die Geschwindigkeit des Wagens als auch die Länge der Mastenreihe sind keine wesentlichen Daten; aber die Aufgabe hat keine eindeutige Lösung, außer es wird mit dem Zählen der Masten, die draußen pro Minute vorbeigleiten, begonnen und beendet, wenn sich das Auto genau zwischen zwei Masten befindet, und die Länge der Mastenreihe auf ähnliche Weise gemessen wird. – M. G.]

Antwort 69

Fünf ungerade »Ziffern« addieren sich wie folgt zu 14:

$$11 + 1 + 1 + 1 = 14$$

Antwort 70

Die Abbildung (S. 191 oben) zeigt die Antwort auf dieses bemerkenswerte schwierige Rätsel.

Antwort 71

Das Schachbrett läßt sich, wie gezeigt, in 18 verschiedene Stücke zerlegen:

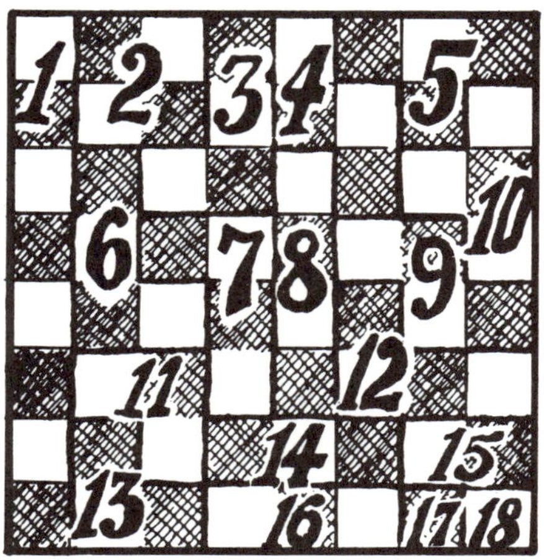

[Es gibt viele verschiedene Möglichkeiten, das Brett in 18 verschiedene Stücke zu zerlegen. Als interessantes Experiment kann der Leser einmal versuchen, den Beweis dafür zu erbringen, daß 18 tatsächlich die höchste Zahl ist. – M. G.]

Antwort 72

Der Kessel hat, genau wie ein Eimer oder auch ein Lampenschirm, die Form eines Kegelstumpfes, was nichts anderes ist als ein Kegel, dessen Spitze parallel zur Grundfläche abgeschnitten ist. Sein Volumen läßt sich errechnen, wenn man den abgeteilten Kegel vom größeren Kegel subtrahiert, oder einfach durch die Formel:

$$\frac{\pi h}{3}\,(R^2 + r^2 + Rr)$$

In dieser Formel steht h für die Höhe des Stumpfs und die R's für die oberen und unteren Radien. Was den Kessel betrifft, so wissen wir, daß die Höhe 12 Zoll beträgt und daß der eine Radius doppelt so groß ist wie der andere. Wenn wir R für den Grundflächenradius annehmen und 2R für den Radius des oberen Teils, dann ergibt sich als Volumen $\pi \times 28R^2$. Da das Volumen 25 Gallonen oder 5775 Kubikzoll beträgt, ist es leicht, den Durchmesser des oberen Randes zu errechnen, der ein bißchen mehr als 32 Zoll beträgt.

Antwort 73

Eine Möglichkeit, die acht gewünschten Brüche zu bilden, ist folgende (einige der Zahlen können geringfügig abgeändert werden und doch den gleichen Bruch ergeben):

$$\frac{6729}{13458}=\frac{1}{2}\quad \frac{5832}{17496}=\frac{1}{3}\quad \frac{4392}{17568}=\frac{1}{4}\quad \frac{2769}{13845}=\frac{1}{5}\quad \frac{2943}{17658}=\frac{1}{6}$$

$$\frac{2394}{16758}=\frac{1}{7}\quad \frac{3187}{25496}=\frac{1}{8}\quad \frac{6381}{57429}=\frac{1}{9}$$

Antwort 74

Jede Woche verteilte die wohltätige Dame an ihre Schützlinge 120 Dollar.

Ursprünglich waren es 20 Männer.

Antwort 75

Der Reim, der in der Bienenwabe verborgen ist, lautet:

How doth the little busy bee
Improve each shining hour?

(Wie schafft es die fleißige kleine Biene,
mit jeder Stunde besser zu sein?)

Antwort 76

Jeder Junge begann mit 25 Dollar. Jim setzte 15 Dollar mit 15:1 und gewann 225 Dollar, wodurch er 250 Dollar hatte. Jack setzte 10 Dollar mit 10:1 und gewann 100 Dollar, wodurch er sein Kapital auf 125 Dollar aufstockte, genau halb soviel wie Jim.

Antwort 77

Im Zirkus waren 14 Pferde und 22 Reiter. Wir wissen, daß er 56 Füße und 20 Köpfe beherbergte. Wir können im Bild 10 Tiere und 7 Vögel sehen, was soviel ist wie 17 Köpfe und 54 Füße, dabei bleiben drei Köpfe und zwei Füße unberücksichtigt. Man braucht nicht unbedingt eine sehr lebhafte Phantasie zu haben, um zu dem Schluß zu kommen, daß das, was soviel Aufmerksamkeit erregt, ein Hindu-Schlangenbeschwörer mit zwei Schlangen sein muß.

Antwort 78

Bauer Jones begann mit 719 Melonen. Er verkaufte 576 für 1 Dollar pro Dutzend (48 Dollar) und die restlichen 143 zu einem Preis von 13 pro Dollar (11 Dollar), was ihm für alle 719 Melonen zusammen insgesamt 59 Dollar einbrachte.

[Eine dreieckige Pyramide aus 120 Melonen kann zusammen mit einer aus 560 Melonen zu einer größeren dreieckigen Pyramide aus 680 Melonen umgebaut werden. Die Formel für diese tetraedrischen Zahlen lautet:

$$\frac{1}{6n}(n+1)(n+2)$$

– M. G.]

Antwort 79

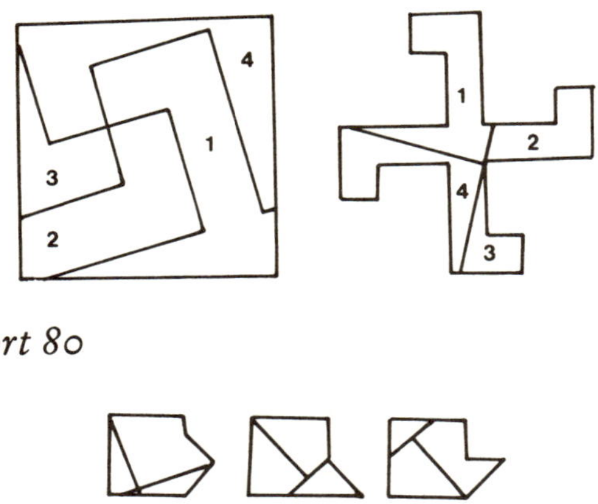

Antwort 80

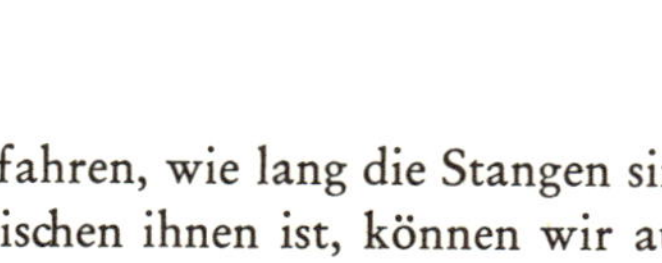

Antwort 81

Das wir nicht erfahren, wie lang die Stangen sind bzw. wie groß der Abstand zwischen ihnen ist, können wir auch nicht feststellen, wieviel Morgen jedes Feld umfaßt. Aber um das Rätsel zu lösen, brauchen wir es gar nicht zu wissen. Die Grundflächen der beiden Felder stehen im Verhältnis 209:210 zueinander; daher verlieren die Bauern 1/210 der Fläche ihres alten Besitzes. Im selben Verhältnis verlieren sie auch Kürbisse. Da 1/210 von 840 Kürbissen gleich 4 Kürbisse sind, nehmen wir an, daß sie für jeden Morgen ihres alten Besitzes 4 Kürbisse verlieren.

Antwort 82

Die vier Ringe wiegen 1/4 Pfund, 3/4 Pfund, 2 1/4 Pfund und 6 3/4 Pfund. Durch kluge Handhabung der Gewichte, auch indem man sie, wenn nötig, auf beiden Seiten der Waage verteilt, kann jedes Gewicht von 1/4 bis zu 10 Pfund bis auf 1/4 Pfund genau ausgewogen werden.

Antwort 83

Die eine Uhr geht jede Stunde 3 Minuten schneller als die andere, so daß sie nach 20 Stunden 1 Stunde vorgegangen sein würde.

Antwort 84

In dem Behälter hat ein Dutzend Eier Platz.

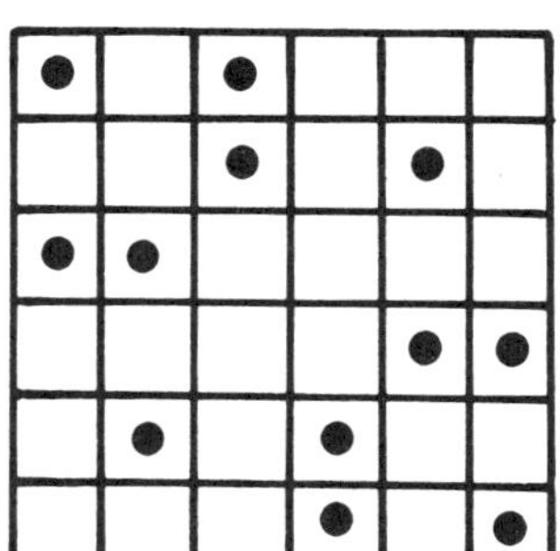

Antwort 85

Das Rätsel läßt sich leicht lösen, wenn man es von hinten anpackt. Ich begann mit 260 Dollar, der Baron mit 80 Dollar und der Comte mit 140 Dollar.

Antwort 86

Der Junge ist 5 Jahre alt.

Antwort 87

Es waren 15 Bienen.

Antwort 88

Die Stammaktien waren 6000000 Dollar wert.

Antwort 89

Alles in allem waren es 12 Manschetten und 18 Kragen. Kragen kosten jeweils 2 Cents und Manschetten $2^1/_2$ Cents, so daß Charlys Bündel 39 Cents kostet.

Antwort 90

Bei diesem interessanten Rätsel, bei dem die Bauern um ein rechteckiges Feld einen Streifen mähten, bis die Hälfte des Getreides geerntet war, gilt es, eine einfache Regel zu beachten. Die Bauern sagten:

»Ein Viertel des Unterschieds zwischen einer Abkürzung quer durch das Feld und um die Straße herum.« Mathematiker werden sich besser auskennen, wenn es heißt: Ziehen Sie von der Summe der beiden Seiten die Diagonale des Feldes ab und teilen Sie den Rest durch vier.

Das Feld war 2000 Yards lang und 1000 Yards breit. Mittels eines Zwirnfadens stellten die ehrlichen Bauern fest, daß die Diagonale von einer Ecke zur anderen ein bißchen mehr als 2236 Yards lang war. Wenn Sie »um die Straße herum« gingen, waren es natürlich 3000 Yards, so daß der Unterschied ein bißchen weniger als 764 Yards betrug. Ein Viertel davon ist ein ganz klein bißchen weniger als 191 Yards (190,983), und das ist die Breite, die der Randstreifen haben sollte.

Antwort 91

Großvaters Uhr blieb genau 49 Minuten, $5^5/_{11}$ Sekunden nach 9 Uhr stehen.

Antwort 92

Mit 6 Pfeilen bringt man es auf 100, wenn man 4 mal die 17 und 2 mal die 16 trifft.

Antwort 93

(1) Abbildung 1 (S. 198 oben) zeigt, wie ein Quadrat in 5 Teile zerlegt werden kann, um daraus 2 griechische Kreuze *gleicher* Größe herzustellen:

Das eine Stück hat bereits die Form eines Kreuzes, die anderen 4 Teile ergeben das zweite. Nachdem dieses Rätsel allseits bekannt war, fand ich eine Möglichkeit, das gleiche Ergebnis zu erzielen, indem ich das Quadrat in nur 4 Stücke zerlegte, wie in Abbildung 2 zu sehen ist. Diese Stücke formen dann die beiden Kreuze rechts.

(2) Um ein Quadrat in 5 Stücke zu zerlegen, die 2 griechische Kreuze *verschiedener* Größen ergeben, muß das Quadrat wie in der Zeichnung links zerlegt werden. Stück A ist ein kleines Kreuz, und die anderen 4 Stücke bilden ein größeres Kreuz, wie rechts zu sehen ist.

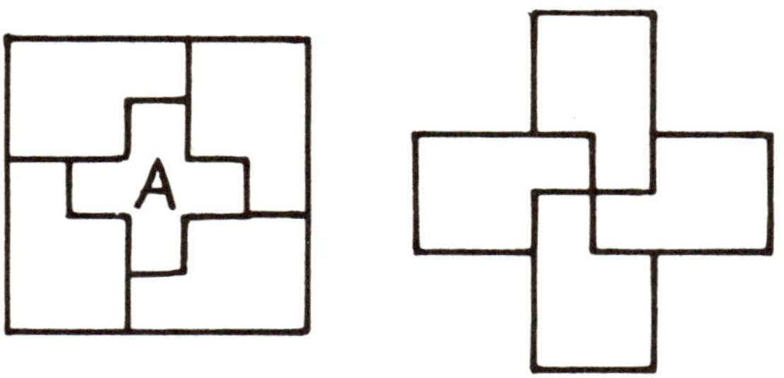

(3) Die Abbildung unten zeigt, wie ein griechisches Kreuz in 5 Teile zerlegt wird, um daraus 2 Kreuze gleicher Größe herstellen zu können. Das eine Kreuz ist aus einem Stück. Die übrigen bilden das zweite.

[Eine ausführliche Beschreibung von Rätseln, die das Zerlegen griechischer Kreuze betreffen, findet sich in einem eigenen Kapitel in Henry Dudeneys *Amusements in Mathematics*. – M. G.]

Antwort 94

Es gibt eine hübsche Methode, diese Aufgabe zu lösen, ohne über Quadratwurzeln zu stolpern. Zuerst teilen wir 600 durch 250, fügen dann 2 hinzu und kommen auf 4,4. 600:4,4 ergibt die Entfernung von dem Jungen rechts bis zur (auf der Abbildung nicht sichtbaren) Brücke links, eine Entfernung von $136^4/_{11}$ Yards. Wenn wir das zu 250 (die Entfernung desselben Jungen von der Brücke rechts) addieren, dann erhalten wir $386^4/_{11}$ als Entfernung zwischen den Brücken, und damit die Antwort auf die Frage.

[Das Erstaunliche an dieser abgekürzten Formel, die auf alle rechtwinkligen Dreiecke zutrifft, ist die zusätzliche Konstante 2. Angenommen, wir setzen a für die Entfernung von dem Jungen rechts zu der linken Brücke, b für seine Entfernung von der rechten Brücke, c für die 600-Yard-Seite des Dreiecks und d für die Hypotenuse. Der Lehrsatz des Pythagoras sagt uns, daß das Quadrat aus der Summe von a und b plus dem Quadrat aus c gleich dem Quadrat aus d ist. Wir wissen auch, daß $a + d = b + c$ ist oder daß $d = b + c - a$ ist. Wenn wir diesen Ausdruck für d in die frühere Gleichung einsetzen, stellen wir fest, daß sich durch Reduzierung der Gleichung alle quadratischen Werte aufheben. Und es bleibt:

$$\frac{bc}{2b + c}\text{, was das Gleiche ist wie } \frac{c}{\frac{c}{b} + 2}$$

– M. G.]

Antwort 95

Zu Beginn hatte jede Muse 48 Äpfel und jede Grazie 144 Blumen, von jeder Farbe 36. Jede Muse gab jeder Grazie 4 Äpfel, und jede Grazie gab jeder Muse ein Dutzend Blumen (3 von jeder Farbe). Nach dem Tausch hat jedes Mädchen 36 Äpfel und 36 Blumen (9 von jeder Farbe).

Antwort 96

Der Junge mit der Nummer 6 stellte sich auf den Kopf, so daß alle drei zusammen die Zahl 931 bilden können.

Antwort 97

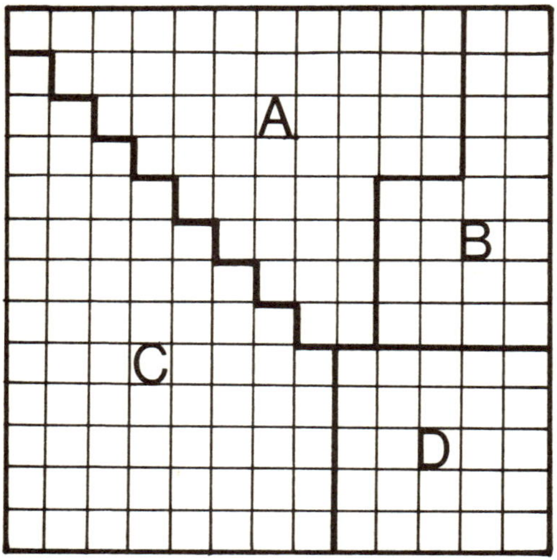

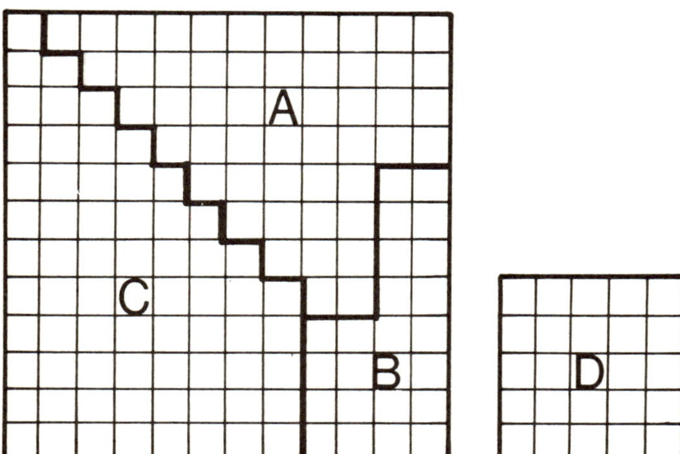

Antwort 98

Was die Teilung von O'Shaugnessys Besitz betrifft, so ist klar, daß sie dazu diente, der Mutter doppelt soviel zukommen zu lassen wie der Tochter, und dem Sohn doppelt soviel wie der Mutter. Es ist eine einfache Sache, die Bedingungen des Vermächtnisses auszuführen, indem man der Tochter $^1/_7$, der Mutter $^2/_7$ und dem Sohn $^4/_7$ zuteilt.

Antwort 99

Der Rancher hatte 7 Söhne und 56 Kühe. Der älteste Sohn nahm 2 Kühe und seine Frau 6. Der nächste Sohn nahm 3 Kühe und seine Frau 5. Der nächste Sohn nahm 4 Kühe und seine Frau ebenfalls 4, und immer so weiter, bis hinunter zum siebenten Sohn, der 8 Kühe nahm, worauf für seine Frau keine übrig blieb. Merkwürdigerweise hat jetzt jede Familie 8 Kühe, so daß jede eins der 7 Pferde bekam, damit ihr Viehbestand den gleichen Wert besaß.

Antwort 100

Die neun Ziffern ergeben zusammen 45, ein Vielfaches von 9. Unabhängig davon, wie diese Ziffern und die Null zu zwei Zahlen angeordnet werden, die Summe dieser beiden Zahlen ergibt auf jeden Fall ein Vielfaches von 9.

Wenn man darüber hinaus die Ziffern irgendeinem beliebigen Vielfachen von 9 addiert, kommt immer ein Vielfaches von 9 heraus. Daher brauchen wir nur die Ziffern der Summe zu addieren und erhalten 10, ziehen dies von 18 ab (dem nächsthöheren Vielfachen von 9, das größer ist als 10), und erhalten 8 – die fehlende Ziffer.

Antwort 101

Das Pferd lief die vier Viertel der Meile in jeweils $27^1/_4$, 27, $27^1/_8$ und $27^1/_8$ Minuten. Gesamtzeit: 1 Minute $48^1/_2$.

Antwort 102

Um den Elefanten in die Mitte der siamesischen Flagge zu versetzen, muß diese, wie gezeigt, in zwei Teile zerlegt und dann das rautenförmige Stück herumgedreht werden.

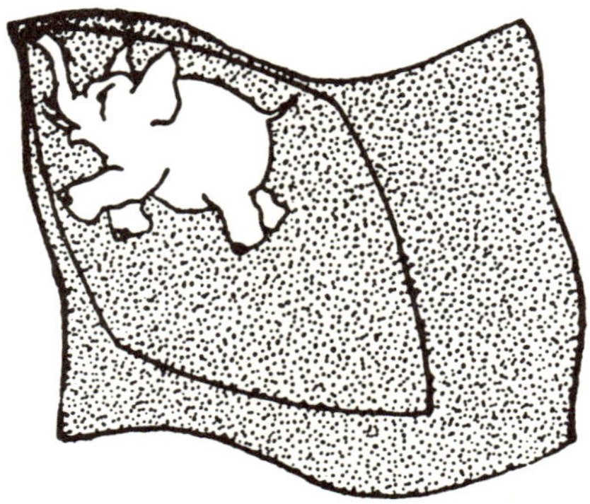

Die kürzeste Route auf dem Plan des Obstgartens ist: 15, 16, 12, 11, 10, 14, 13, 9, 5, 1, 2, 6, 7, 8, 4, 3, Herz.

Antwort 103

[Wenn x die Anzahl Morgen und y die Anzahl Getreidegarben darstellt, können wir die beiden Gleichungen aufstellen:

$$\frac{^3/_4 y + 80}{x} = 7 \quad \text{und} \quad \frac{y + 80}{x} = 8$$

Nach Lösung der Gleichungen zeigt sich, daß es sich um 80 Garben handelt und daß die Farm 20 Morgen umfaßt. – M. G.]

Antwort 104

[Wenn x die Anzahl Truthahn-Pfunde ist, die Mrs. O'Flaherty gekauft hat, sowie die Anzahl Gänsefleisch-Pfunde, dann können wir folgende Gleichung aufstellen:

$$\frac{21x}{24} + \frac{21x}{18} = 2x + 2$$

Die Gleichung ergibt für x den Wert 48. Daher gab Mrs. O'Flaherty 11,52 Dollar für den Truthahn und 8,64 Dollar für das Gänsefleisch aus, oder insgesamt 20,16 Dollar. – M. G.]

Antwort 105

Der Stoff wurde für 13,75 Dollar verkauft.

Antwort 106

Jimmy ist $10^{16}/_{21}$ Jahre alt.

Antwort 107

[In seiner *Cyclopedia* gibt Loyd keinen Hinweis auf die Strategie, nach der dieses Spiel zu gewinnen ist, es ist aber dieselbe wie bei dem Spiel »Puss in the Corner«, die Henry Dudeney in *Amusements in Mathematics* als Aufgabe 394 beschreibt. Danach muß der Bauer immer in Richtung der diagonal entgegengesetzten Ecken der Quadrate spielen, bis er den Truthahn bis an den

* 1 Dollar = 100 Cents

Rand gedrängt hat, dann ist für ihn das Spiel gelaufen. Wenn der Bauer den ersten Zug hat, muß er auf Feld 35 rücken. Diesen Vorteil kann der Truthahn nicht wettmachen, weil der Platz zwischen 9 und 10 leer ist. Das folgende beispielhafte Spiel macht die Methode deutlich:

Truthahn	*Bauer*	
8	50	
30	47	
29	46	
37	45	
29	38	
28	37	
51	29	
60	52 (gewinnt)	– M. G.]

Das zweite Rätsel wird in 24 Zügen gelöst: 52, 14, 15, 8, 9, 16, 18, 10, 11, 42, 39, 31, 33, 25, 22, 45, 50, 4, 5, 64, 60, 2, 3, 7.

Antwort 108

Wie im Bild unten angedeutet ist, nahm der Juwelier von jedem Ende der waagerechten Reihe einen Edelstein und versetzte den Edelstein von unten dann einfach ganz nach oben.

Antwort 109

Mrs. O'Neill hat für die Bananen 33,60 Dollar* ausgegeben. Das genügt, um 48 Bündel von den roten und genauso viel von den gelben Bananen, zusammen also 96 Bündel, zu kaufen. Aber indem sie den Betrag halbierte und 16,80 Dollar für rote Bananen und 16,80 Dollar für gelbe ausgab, konnte sie 42 rote Bündel und 56 gelbe oder insgesamt 98 kaufen.

* 1 Dollar = 100 Cents

Antwort 110

[Hierbei handelt es sich um eine Variation von »The Remnant Puzzle« (Reste-Rätsel), das in diesem Buch als Aufgabe 80 erscheint. Wenn das Dreieck wie in der ersten Abbildung in Antwort 80 an das Quadrat gelegt wird, läßt sich die Aufgabe in fünf Teilen lösen. Weil das Dreieck im Verhältnis zum Quadrat in diesem Rätsel kleiner ist als in Aufgabe 80, sind die beiden anderen Methoden, das Dreieck zu placieren, nicht anwendbar. – M. G.]

Antwort 111

Jocko turnte in folgender Reihenfolge an die Fenster: 10, 11, 12, 8, 4, 3, 7, 6, 2, 1, 5, 9. Auf diesem Weg muß er nur zweimal zwischen der unteren und der mittleren Fensterreihe, die einen größeren Abstand haben, hindurch.

Antwort 112

Das Rätsel kann auf folgende Art in 8 Zügen gelöst werden: Taft springt nacheinander über Knox (1), Johnson (2), La Follette (3) und Cannon (4). Gray springt über Fairbanks (5). Hughes über Bryan (6). Gray über Hughes (7). Taft springt über Gray (8).

[Wenn wir die Sprünge ein und desselben Mannes, die nacheinander erfolgen, als einen einzigen Zug werten, dann sind bei Loyds Lösung 5 Züge erforderlich. Aber es geht sogar mit 4 Zügen. Wie, das ist in Henry Dudeneys *Amusements in Mathematics*, Aufgabe 229, nachzulesen. – M. G.]

Antwort 113

Antwort 114

Der Würfel muß mit der 1 nach oben gelegen haben. Wenn man sie mit der 4 an der Seite addiert, ergibt sich für den einen Spieler die Gewinnzahl 5. Jetzt werden die übrigen Zahlen auf den Würfelseiten – 5, 2 und 3 – für den anderen Spieler addiert. Der erhält 10 Punkte und gewinnt somit mit 5 Punkten.

Nach dem Rechensystem mit 6 Grundzahlen schreibt sich 109778 wie 2204122: Die letzte Stelle der Zahl verkörpert die Einer, die nächste links davon gibt die Anzahl 6er an, die dritte die 36er, die vierte die 216er usw. Statt der 10 in unserem Dezimalsystem beruht dieses System auf der Grundzahl 6.

Antwort 115

Das Problem des Schreiners läßt sich, wie zu sehen ist, mit drei Teilen lösen.

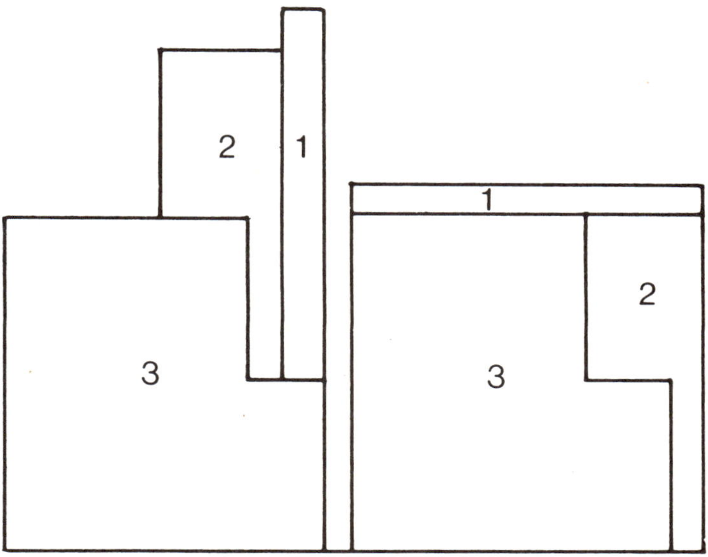

Antwort 116

Die Kinder kauften 3 Gummibonbons, 2 Drops und 15 Schokobonbons.

Antwort 117

Auf den ersten Blick hat es den Anschein, als könnte von 32 bis 44 jede beliebige Anzahl Fische gefangen worden sein, denn A könnte zwischen Null und 12 Fische erhalten haben; was die anderen kriegen, ergibt sich dann von selbst. Da am Ende aber jeder Junge die gleiche Anzahl Fische hatte, ist klar, daß die Gesamtzahl 35 oder 40 sein muß. Wenn wir es mit der 40 versuchen, stellen wir fest, daß sie alle Voraussetzungen erfüllt: A fing 8 Fische, B fing 6, C 14, D 4 und E 8. Wenn B, C und D ihren Fang zusammenlegen und in drei Teile teilen, hat jeder Junge 8 Fische. Egal, wie sie sich gruppieren und ihre Beute teilen, der Anteil eines jeden ist immer 8.

Antwort 118

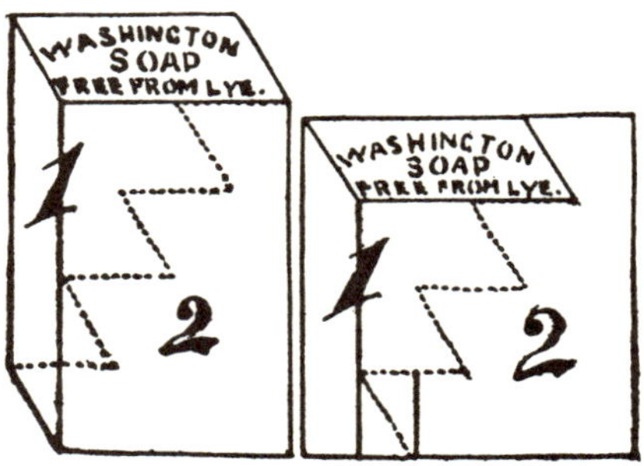

Antwort 119

Wie gezeigt, kann die Gästehaus-Torte in 22 Stücke zerlegt werden.

[Dieses klassische Rätsel gewinnt noch an Interesse, wenn man sich bemüht, eine Formel zu finden, nach der sich die maximale Anzahl Tortenstücke bei beliebig vielen Schnitten errechnen läßt. Zwei ähnliche Rätsel, die mit dem Zerschneiden eines Halbmonds und eines zylindrischen Käsestücks zu tun haben, finden sich in »Mathematische Rätsel und Spiele« (DuMont Taschenbücher, Bd. 66, Aufgabe 101 und Aufgabe 112). – M. G.]

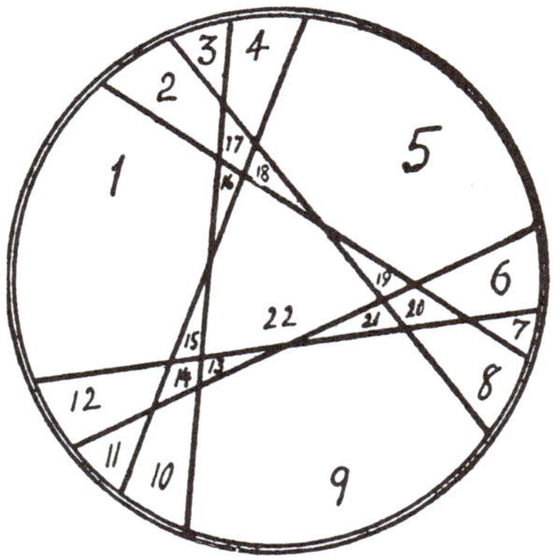

Antwort 120

Susi zahlte 5 Cents pro Docke Seide und 4 Cents pro Docke Kammgarn.

Antwort 121

Am Anfang kann man in der Spur des Nikolaus leicht den linken und rechten Fußabdruck voneinander unterscheiden. Wenn Sie der Spur folgen und dabei zählen: »Links, rechts, links, rechts ...«, dann werden Sie feststellen, daß sich der linke Fuß plötzlich da befindet, wo der rechte sein sollte! Mit anderen Worten, der Nikolaus hat irgendwo einen Schritt dazugewonnen. Die einleuchtendste Erklärung dafür ist, daß er den ersten kleineren Kreis *noch einmal* gegangen und beim zweiten Mal in seine eigenen Fußstapfen getreten ist.

Antwort 122

Tell erzielt 100 Punkte, indem er die 11 zweimal und die 13 sechsmal schießt. Der Schatten des Pfahls mit dem Netz dicht bei Tells linkem Fuß ist halb so hoch wie der Pfahl. Der Schatten des Fahnenmasts beträgt 35 Yards, so daß wir die Höhe des Mastens mit 70 Yards oder 210 Fuß einschätzen.

Antwort 123

[In Loyds *Cyclopedia* ist diese schwierige Aufgabe nicht beantwortet. (Die Antwort, die dort gegeben ist, bezieht sich offensichtlich auf eine völlig andere Tandem-Aufgabe, die in der *Cyclopedia* gar nicht vorkommt, die aber in einer anderen Sammlung, nämlich in *Sam Loyd and His Puzzles,* S. 65, steht.) Das günstigste Verfahren, das sich auf Antworten zu ähnlichen Aufgaben in Dudeneys Rätselbüchern stützt, scheint folgendes zu sein:

C, der langsamste Fußgänger, fährt immer auf dem Tandem. Er und A, der schnellste Fußgänger, fahren das Tandem über eine Strecke von 31,04 Meilen, während B zu Fuß geht. A steigt ab, und C kehrt um und fährt zurück, um B an einer Stelle, die 5,63 Meilen vom Start entfernt liegt, aufzulesen. B und C bleiben den Rest der Fahrt auf dem Fahrrad und treffen gleichzeitig mit A, der zu Fuß geht, am Ziel ein. Die Gesamtzeit beträgt fast 2,3 Stunden.

Will man die Aufgabe mit Hilfe der Algebra lösen, dann bezeichnet man x als die Entfernung, die von B zu Fuß zurückgelegt wurde, und y als die Entfernung, die A zu Fuß zurückgelegt hat. Wenn man mit den Zeiten eine Gleichung aufstellt, dann braucht B, um die Strecke x zu Fuß zurückzulegen, die gleiche Zeit, die das Fahrrad brauchte, um A abzusetzen und zu B zurückzukehren; das ist die eine Gleichung. Die zweite Gleichung erhält man, wenn man die Zeit, die A braucht, um die Entfernung zu Fuß zurückzulegen, mit der Zeit gleichsetzt, die das Fahrrad braucht, um die Fahrt zu beenden, nachdem A abgesetzt wurde. Diese beiden Simultangleichungen werden für x und y gelöst, dann folgt der Rest. – M. G.]

Antwort 124

Am Samstag kaufte Frau Kaufwütig 10 Teller zu je 13 Cents. Sie kehrte am Montag zurück, um 18 Untertassen zu je 3 Cents und 8 Tassen zu je 12 Cents zu kaufen, was zusammen 1,50 Dollar ergab. (Sie hatte die 10 Teller zu je 15 Cents zurückgebracht.) Am Samstag hätte sie für ihre 1,30 Dollar 13 Tassen zu je 10 Cents erhalten.

Antwort 125

Die Seiten des dritten Dreiecks betragen 30 und 224 und die Hypotenuse 226. [Für die Anzahl verschiedener rechtwinkliger Dreiecke, die die gleiche Fläche und ganzzahlige Seiten haben, gibt es keine Begrenzung. Eine einfache Methode dafür, wie derartige Dreiecke zustande kommen, gibt Henry Dudeney in *The Canterbury Puzzles*, Aufgabe 107. – M. G.]

Antwort 126

Der Milchmann begann mit $5^1/_2$ Gallonen Wasser in Kanne A und $2^1/_2$ Gallonen Milch in Kanne B. Als er mit Umfüllen fertig war, enthielt Kanne A 3 Gallonen Wasser und 1 Gallone Milch und Kanne B $2^1/_2$ Gallonen Wasser und $1^1/_2$ Gallonen Milch.

[Loyd erklärt nicht, wie er zu diesen Zahlen gekommen ist, aber die Aufgabe kann folgendermaßen gelöst werden: Wir nehmen x für die ursprüngliche Menge Flüssigkeit in Kanne A und y für die ursprüngliche Menge in B. Es läßt sich leicht errechnen, daß das Verhältnis von $x : y = 11 : 5$ sein muß, was wir aber immer noch nicht wissen, ist, ob es sich dabei um das Verhältnis von Wasser zu Milch oder um das von Milch zu Wasser handelt.

Nehmen wir einmal an, letzteres stimme, und beginnen wir mit dem Umschütten von 11 Einheiten Milch und 5 Einheiten Wasser. Am Ende werden wir in Kanne B 3 Einheiten Wasser und 5 Einheiten Milch haben, was jedoch der Tatsache widerspricht, daß B am Ende 1 Gallone mehr Wasser als Milch enthält.

Daher müssen wir annehmen, daß wir mit 11 Einheiten Wasser und 5 Einheiten Milch beginnen müssen. Am Ende werden wir in Kanne B 3 Einheiten Milch und 5 Einheiten Wasser haben. Da 1 Gallone mehr Wasser als Milch vorhanden ist, müssen 5 Einheiten minus 3 Einheiten 1 Gallone sein, woraus sich ergibt, daß unsere Einheit gleich $1/2$ Gallone ist. 11 Einheiten Wasser sind dann $5\,1/2$ Gallonen, und 5 Einheiten Milch $2\,1/2$ Gallonen. – M. G.]

Antwort 127

Antwort 128

Die Entfernung zwischen den Bahnhöfen betrug 200 Meilen.

[Mit Hilfe der Algebra ist die Lösung einfach, wenn wir x für die Entfernung einsetzen, die während der ersten Stunde zurückgelegt wird, und y für den Rest des Wegs. Die normale Geschwindigkeit des Zugs in Meilen pro Stunde beträgt x und ihre reduzierte Geschwindigkeit $3x/5$, und die Normalzeit für die Fahrt

$$\frac{x + y}{x}.$$

Die Daten erlauben die folgenden beiden Gleichungen:

$$1 + \frac{5y}{3x} = \frac{x + y}{x} + 2 \text{ und } \frac{x + 50}{x} + \frac{5y - 250}{3x} = \frac{x + y}{x} + 1\,{}^1\!/_3$$

Diese Gleichungen reduzieren sich auf:

$$3x = y \text{ und } 2x = y - 50$$

x hat einen Wert von 50 und y von 150, was die Gesamtentfernung von 200 Meilen ergibt. – M. G.]

Antwort 129

Die Namen der vier Mädchen sind Ann Jones, May Robinson, Jane Smith und Kate Brown.

Antwort 130

Jeder Junge hatte 100 Murmeln.

Antwort 131

Der chinesische Kaufmann verwendete in der Mischung 30 Pfund des 5-Bit-Tees und 10 Pfund des 3-Bit-Tees.

Antwort 132

Der Chef ist 84 Jahre alt.

Antwort 133

Fig. 1 zeigt, wie 9 Eier so angeordnet werden können, daß sie 10 Reihen mit je 3 Eiern ergeben. Fig. 2 zeigt, wie die 9 Eier mit 4 durchgehenden Linien verbunden werden können.

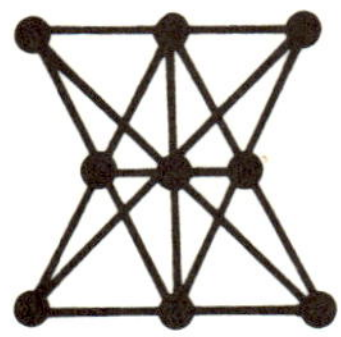

Fig. 1

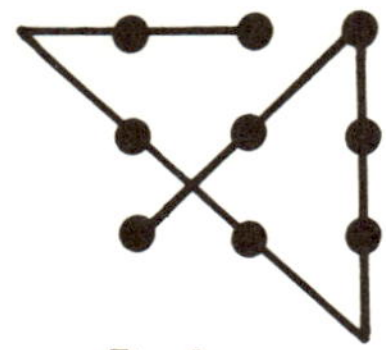

Fig. 2

[Die zweite Aufgabe, ein klassisches geometrisches Rätsel, wird von Psychologen oft als Beispiel dafür zitiert, wie man Methoden zur Lösung von Aufgaben oft unnötig einengt. Darüber, daß die Striche innerhalb des Quadrats liegen müssen, wurde kein Wort verloren. – M. G.]

Antwort 134

Wenn man die 12 Latten in Form eines regelmäßigen Dodekaeders (12seitiges Vieleck) anordnet, erzielt man die maximale Grundfläche: etwas über 2 866 Quadratfuß.

Antwort 135

$$\begin{array}{rl} 80.\dot{5} & \text{(oder } {}^{55}/_{99}\text{)} \\ \dot{9}\dot{7} & \text{(oder } {}^{97}/_{99}\text{)} \\ .\dot{4}\dot{6} & \text{(oder } {}^{46}/_{99}\text{)} \\ \hline 82. & \end{array}$$

Antwort 136

Das Auto fuhr in der ersten Stunde $71^3/_8$ Meilen, in der zweiten Stunde $63^5/_8$ Meilen, in der dritten $55^7/_8$ und in der vierten $48^1/_8$ Meilen. Die Differenz zwischen jeder Stunde beträgt $7^3/_4$ Meilen. [Die Aufgabe kann gelöst werden, wenn man für die Fahrstrecke der letzten Stunde x einsetzt, x + y für die dritte Stunde, x + 2y für die zweite und x + 3y für die erste. Jetzt haben wir zwei lineare Gleichungen: $2x + 5y = 135$ und $2x + y = 104$. – M. G.]

Antwort 137

[Für die Zeit, die Maude auf ihren Schlittschuhen für 1 Meile benötigte, soll $1/x$ stehen. Dann ist Jennys Zeit $1/2{,}5x$, und wir können folgende Gleichung aufstellen:

$$\frac{1}{x} - \frac{1}{2{,}5x} = 6$$

Das ergibt für x einen Wert von 0,1, so daß Jennys Zeit 4 Minuten und Maudes Zeit 10 Minuten beträgt. – M. G.]

Antwort 138

[Diese Aufgabe wird in Loyds *Cyclopedia* nicht beantwortet, sie läßt sich aber leicht mit Hilfe der Algebra lösen. Die Entfernung soll x sein, die Zeit, die benötigt wird, um die Strecke zu bewältigen, y und z die Zeit, die zur Rückkehr benötigt wird. Wir wissen, daß $x/y = 5$, $x/z = 3$ und $y + z = 7$ ist. Aus diesen Gleichungen ersehen wir, daß die Rundreise $26\,1/4$ Meilen betrug. – M. G.]

Antwort 139

[Wenn ein Körper 20 Fuß fällt, bewegt er sich mit einer Geschwindigkeit von 35,777 Fuß pro Sekunde fort (das Quadrat der Geschwindigkeit eines fallenden Objekts ist genauso groß wie die zweifache Beschleunigung mal Entfernung). Daher besitzt ein 30-Pfund-Objekt bei dieser Geschwindigkeit ein Kraftmoment von 1073,310. Die Ziegen haben zusammen ein Gewicht von 111 Pfund, so daß sie, wenn sie sich die Schädel mit einer Kraft einrennen sollen, die dem Kraftmoment von 1073,310 entspricht, mit einer Geschwindigkeit von wenigstens 9,669 Fuß pro Sekunde aufeinander losgehen müssen. – M. G.]

Antwort 140

Der Nachtwächter, seine Frau, das Baby und der Hund werden folgendermaßen gerettet:

1. Das Baby wird runtergelassen.
2. Der Hund wird runtergelassen, das Baby raufgezogen.
3. Der Mann wird runtergelassen, der Hund raufgezogen.
4. Das Baby wird runtergelassen.
5. Der Hund wird runtergelassen, das Baby wird raufgezogen.
6. Das Baby wird runtergelassen.
7. Die Frau wird runtergelassen, alle anderen werden raufgezogen.
8. Das Baby wird runtergelassen.
9. Der Hund wird runtergelassen, das Baby raufgezogen.
10. Das Baby wird runtergelassen.
11. Der Mann wird runtergelassen, der Hund raufgezogen.
12. Der Hund wird runtergelassen, das Baby raufgezogen.
13. Das Baby wird runtergelassen.

[Hierbei handelt es sich um die vereinfachte Version einer Aufgabe, die von Lewis Carroll stammt und auf S. 318 von *The Lewis Carroll Picture Book,* herausgegeben von Stuart Dodgson Collingwood, 1899, zu finden ist. – M. G.]

Antwort 141

Der Adler beendet seinen Flug nach 39 Perioden, die aus seiner Sicht vom Sonnenaufgang bis zum Sonnenuntergang dauern. Aber die Erde hat sich inzwischen 39 1/2 mal um sich selbst gedreht, so daß die in Washington gemessene Zeit des Gesamtflugs 39 1/2 Tage beträgt.

Antwort 142

Der Durchmesser der runden Bahn hat auf die Aufgabe keinerlei Einfluß. Wenn sich Hase und Schildkröte begegnen, hat der Hase $^1/_6$ des Wegs zurückgelegt und die Schildkröte $^{17}/_{24}$. Die Schildkröte ist daher $^{17}/_4$mal so schnell vorangekommen wie der Hase. Der Hase hat im Vergleich zu $^1/_6$, die die Schildkröte noch laufen muß, $^5/_6$ der Entfernung zurückzulegen, so daß der Hase fünfmal schneller sein muß als die Schildkröte oder $^{85}/_4$ schneller, als er vorher gelaufen ist.

Antwort 143

In König Salomons Siegel sind 31 verschiedene gleichschenklige Dreiecke enthalten.

Antwort 144 (s. auch Abb. S. 218 oben)

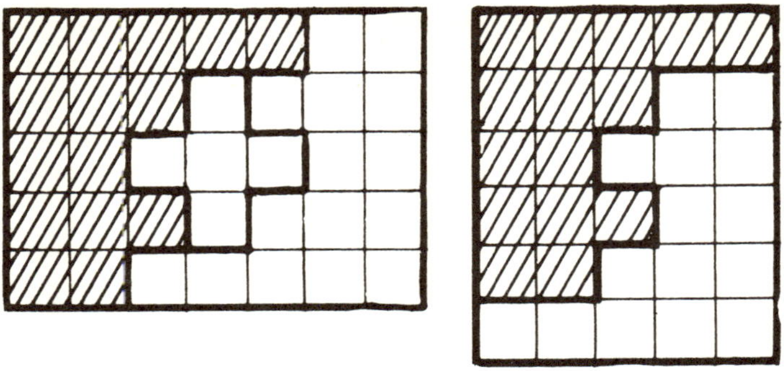

Antwort 145

In der Abbildung ist zu sehen, wie auf dem Brett 233 Zoll Draht von B zu A gespannt werden.

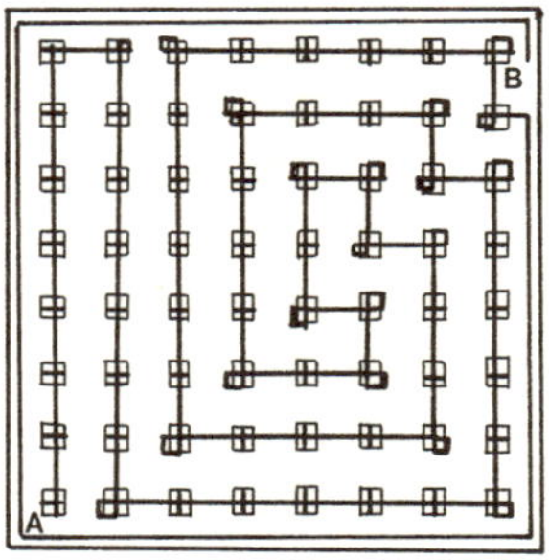

Antwort 146

[Loyd gibt zwar eine Antwort auf beide Teile dieser Aufgabe, erklärt aber nicht, wie man dazu kommt. Teil 1 ist ganz einfach:

Als 1 wollen wir die Länge der Armee bezeichnen und die Zeit, die sie braucht, um die Entfernung ihrer eigenen Länge zurückzulegen. Die Geschwindigkeit, mit der sich die Armee fortbewegt, ist denn auch 1. Und x steht für die gesamte Entfernung, die der Kurier zurücklegt, als auch für seine Geschwindigkeit. Wenn der

Kurier nach vorn reitet, beträgt seine Geschwindigkeit im Verhältnis zur sich voranbewegenden Amee $x - 1$. Auf dem Weg zurück beträgt seine Geschwindigkeit im Verhältnis zur Armee $x + 1$. Die Entfernung beträgt jeweils 1 (im Verhältnis zur Armee), und beide Ritte werden in der Zeit 1 zurückgelegt, so daß wir folgende Gleichung aufstellen können:

$$\frac{1}{x-1} + \frac{1}{x+1} = 1$$

Das läßt sich auch in einer Quadratgleichung ausdrücken: $x^2 - 2x - 1 = 0$, wobei x den positiven Wert von $1 + \sqrt{2}$ hat. Das multiplizieren wir mit 50 und erhalten das Endergebnis von 120,7 Meilen. Mit anderen Worten, der Kurier legt eine Entfernung zurück, die der Länge der Armee plus derselben Länge mal der Quadratwurzel von 2 entspricht.

Teil 2 kann auf die gleiche Weise gelöst werden. In diesem Fall ist die Geschwindigkeit des Kuriers auf seinem Ritt nach vorn relativ zur sich fortbewegenden Armee $x - 1$, auf seinem Ritt zurück nach hinten $x + 1$ und auf seinen beiden Querritten

$$\sqrt{x^2-1}$$

(Wo er seinen Rundritt beginnt, ist egal, aber um das Ganze zu vereinfachen, stellen wir uns vor, daß er in der hinteren Ecke des Quadrats begonnen hat, anstatt in der Mitte der hinteren Reihe.) Wie vorher, so beträgt jeder Ritt die Entfernung von 1 relativ zur Armee, und da der Kurier die vier Ritte in der Zeit 1 vollendet, können wir folgendermaßen vorgehen:

$$\frac{1}{x-1} + \frac{1}{x+1} + \frac{2}{\sqrt{x^2-1}} = 1$$

Das läßt sich auch als Gleichung vierten Grades ausdrücken: $x^4 - 4x^3 - 2x^2 + 4x + 5 = 0$, was nur eine Wurzel besitzt, die den Bedingungen der Aufgabe entspricht: 4,18112. Mit 50 multipliziert, ergibt es die endgültige Antwort: 209,056 Meilen. – M. G.]

Antwort 147

Wir müssen voraussetzen, daß Robinson, als er 2500 Dollar für $^1/_3$ Anteil an der Firma Brown & Jones einzahlte, etwas bekam, das sein Geld wert war. Daher betrug das Stammkapital, bevor Robinson eintrat, 7500 Dollar. Brown, der $1^1/_2$mal soviel Anteile besaß wie Jones, besaß für 4500 Dollar Anteile und Jones für 3000 Dollar. Robinsons 2500 Dollar mußten entweder geteilt werden, so daß jeder der drei Partner einen angemessenen Anteil erhielt, oder sie mußten investiert werden. Daher erhielt Brown von Robinsons Einlage 2000 Dollar und Jones 500 Dollar.

Antwort 148

Mrs. Hogans Stück Wäscheleine war $58^1/_3$ Fuß lang und Mary O'Neills Stück $41^2/_3$ Fuß.

Antwort 149

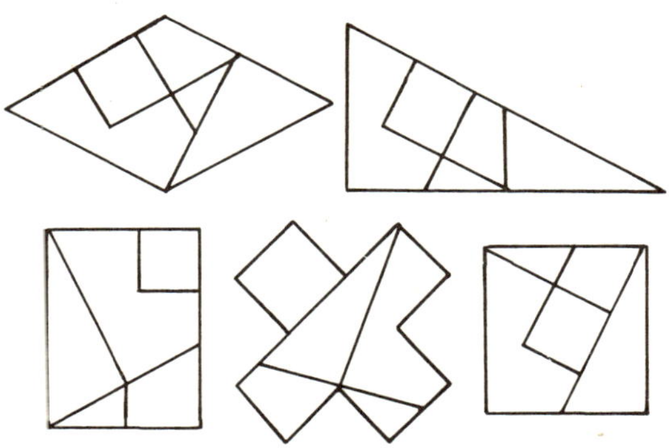

Antwort 150

Wir wissen, daß jedes Bord genau 20 Quart enthält, und so beginnen wir damit, je 6 kleine Gläser von jedem der beiden unteren Borde zu nehmen. Uns verbleiben 2 große Gläser auf dem mittleren Bord und 4 mittlere auf dem unteren Bord, was beweist, daß ein großes Glas genauso viel Marmelade enthält wie 2 mittlere.

Dann stellen wir die herausgenommenen Gläser wieder hinein, nehmen die 2 großen vom mittleren Bord und die ihnen entsprechenden vom oberen Bord: 1 großes Glas und 2 mittlere. Dann verbleiben uns 1 mittleres und 3 kleine Gläser auf dem oberen Bord und 6 kleine Gläser auf dem mittleren Bord, was beweist, daß ein mittleres Glas genauso viel enthält wie 3 kleine.

Jetzt ersetzen wir alle großen Gläser durch 2 mittlere; dann ersetzen wir die mittleren durch 3 kleine. Das ergibt insgesamt 54 kleine Gläser. Wenn 54 kleine Gläser 60 Quart enthalten, dann paßt in ein kleines Glas $1^1/_9$ Quart, in ein mittleres $3^1/_3$ Quart und in ein großes Glas $6^2/_3$ Quart.

Antwort 151

Der kürzeste Weg für den Draht führt entlang dem Fußboden, an den beiden Enden des Raums entlang und eine Wand hinauf. Wenn wir uns vorstellen, der Raum wäre ein Pappkarton, den wir aufschneiden und, wie im Bild gezeigt, flach am Boden ausbreiten könnten, dann wäre der kürzeste Weg die Hypotenuse eines rechtwinkligen Dreiecks mit Seiten von 39 und 15 Fuß. Die Länge des Wegs ist etwas über 41,78 Fuß.

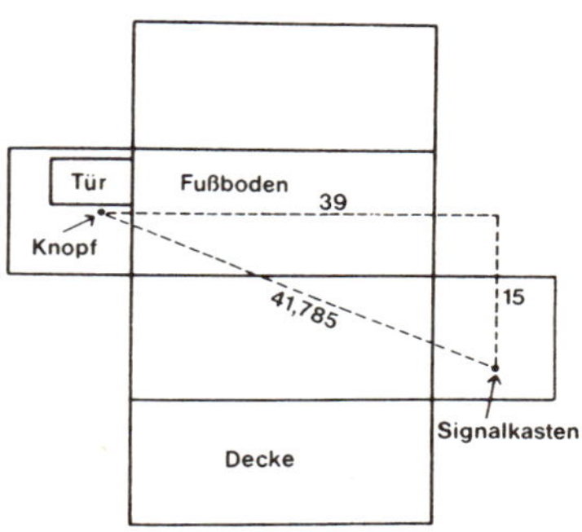

[Das ist Loyds Version von Henry Dudeneys berühmtem Rätsel »Spider and the Fly« (Spinne und Fliege), das in Dudeneys *The Canterbury Puzzles* enthalten ist. Loyd änderte die Aufgabe ab, indem er dem Raum andere Maße gab, so daß nach einer anderen Methode zerlegt und gefaltet werden muß. – M. G.]

Antwort 152

[Obgleich Loyd diesem Rätsel in seiner *Cyclopedia* nur wenig Raum gibt und seine Antwort darauf nicht erklärt, gehört es mit zu den interessantesten Aufgaben im ganzen Buch, weil dabei algebraische mit diophantischen* Gleichungen kombiniert sind.

Eine Methode, das Rätsel zu lösen, besteht darin, für die Zahl der Hunde, die ursprünglich gekauft wurden, als auch für die Zahl der Ratten x einzusetzen. Die Anzahl Hunde, die sich unter den 7 übriggebliebenen Tieren befinden, soll als y bezeichnet werden, und die Anzahl Ratten, die übrigblieben, als $7 - y$. Die Zahl der verkauften Hunde (zu je 2,2 Bits, was einen Aufschlag von 10% bedeutet) ist dann $x - y$, und die Zahl der verkauften Ratten (zu je Paar für 2,2 Bits oder zu je 1,1 Bits) ist $x-(7-y)$.

Wenn man die Daten in Form von Gleichungen ausdrückt und diese vereinfacht, dann gelangt man zu folgender diophantischen Gleichung mit zwei Unbekannten, die beide positive ganze Zahlen sein müssen: $3x = 11y + 77$.

Darüber hinaus wissen wir, daß y nicht mehr als 7 ist. Versuche mit den 7 möglichen Werten von y ergeben, daß nur zwei Werte – 5 und 2 – ein ganzzahliges x ergeben. Diese Werte würden zu zwei verschiedenen Lösungen des Rätsels führen, gäbe es nicht die Tatsache, daß die Ratten paarweise verkauft wurden. Wenn $y = 2$ ist, dann wären ursprünglich 33 Ratten verkauft worden, also eine ungerade Zahl. Daher müssen wir diese Möglichkeit ausschließen und annehmen, daß y gleich 5 ist.

* Diophantische Gleichungen, so genannt nach dem griechischen Mathematiker Diophantos von Alexandria (3. Jh. v. Chr.), sind Gleichungen mit mehreren Unbekannten, deren Lösungen ganzzahlig sind.

Jetzt rundet sich das Bild. Der Kaufmann kaufte 44 Hunde und 22 Paar Ratten, und er zahlte für alle insgesamt 132 Bits. Er verkaufte 39 Hunde und 21 Paar Ratten, was ihm 132 Bits einbrachte. 5 Hunde zum Verkaufspreis von 11 Bits und 2 Ratten zum Verkaufspreis von 2,2 blieben übrig. Die 7 Tiere haben alle zusammen einen Verkaufspreis von 13,2 Bits, das sind 10% der ursprünglichen Investition. – M. G.]

Antwort 153

Die eine Kuh kostete 150 Dollar und die andere 50 Dollar.

Antwort 154

[Loyds Rätsel vom Hindernisrennen ist die abgeänderte Version einer Aufgabe, die sich in den meisten Büchern zur Einführung in die Mathematik findet. (Gewöhnlich wird sie so präsentiert: Ein Mann sitzt in einem Ruderboot und will einen bestimmten Punkt am Ufer vor sich erreichen, indem er in einer ganz bestimmten Geschwindigkeit auf das Ufer zurudert und später in einem schnelleren Tempo am Ufer zu Fuß entlanggeht.)

Die Aufgabe wird gelöst, indem man die Entfernung von der entfernten Abzweigung der Straße bis zu dem Punkt, an dem die Pferde über die Mauer springen, als x bezeichnet, und als $1-x$ die Entfernung von diesem Punkt zu der 1-Meile-Markierung. Wir wissen, daß ein Pferd entlang der Straße eine Geschwindigkeit von 35 Meilen pro Stunde und auf dem unebenen Boden $26^1/_4$ Meilen pro Stunde zurücklegt. Um das Ziel über die Abkürzung zu erreichen, wird folgende Gesamtzeit benötigt:

$$\frac{\sqrt{x^2 + {}^9/_{16}}}{26\,{}^1/_4} + \frac{1-x}{35}$$

Die Frage ist: Welcher Wert für die unabhängige Variable x kann die obige Gleichung verkleinern? Wir finden die Ableitung der Gleichung, setzen sie mit Null gleich und lösen x auf. Es stellt sich heraus, daß x = 0,85 Meilen beträgt, was bedeutet, daß die günstigste Stelle, die Mauer zu überspringen, bei etwa 0,15 oder etwas mehr als $^{1}/_{7}$ Meile hinter dem 1-Meilen-Zeichen liegt. - M. G.]

Antwort 155

Um 16 gerade Reihen zu bilden, können die 10 Münzen folgendermaßen angeordnet werden:

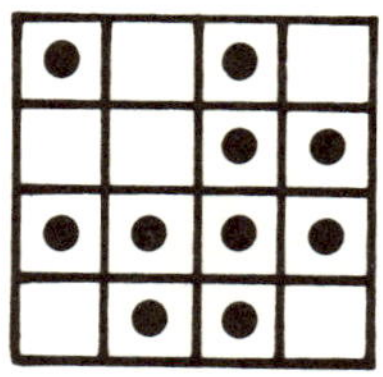

Antwort 156

Whittingtons Katze fängt alle Mäuse, wenn sie folgende Route einschlägt: A-4-C-1-Y-5-2-B-6-X-3-Z. Wenn die Uhr 6 Sekunden braucht, um 6 zu schlagen, dann ist jedes Intervall zwischen den Schlägen $1^{1}/_{5}$ Sekunden lang. Wenn sie 11 schlägt, sind es zehn Intervalle, so daß die Gesamtzeit 12 Sekunden beträgt.

Antwort 157

[Wenn wir Mrs. Smiths Geld als x bezeichnen und Mr. Smiths Geld als y, dann ist der Preis des Hains mitsamt Bach gleich $^{y}/_{3}$ und ebenfalls gleich $^{x}/_{4}$. Außerdem wissen wir, daß $^{3x}/_{4} + y =$ 5000 Dollar und $^{2y}/_{3} + x =$ 5000 Dollar ist. Aus diesen Gleichungen ersehen wir, daß er 2500 Dollar und sie $3333^{1}/_{3}$ Dollar besaß und daß der Hain mit Bach $833^{1}/_{3}$ Dollar kostete. – M. G.]

Antwort 158

[Wir setzen x für die Kosten des Unterhalts. Jetzt können wir folgende Gleichung aufstellen: $x - 34 = 13 + \frac{1}{4}x$, wodurch x einen Wert von $62\frac{2}{3}$ erhält. Davon ziehen wir die 34 Dollar Profit ab und erhalten einen Gesamtverlust von $28\frac{2}{3}$ Dollar. – M. G.]

Antwort 159

Um drei Quadrate von gleicher Größe zu erhalten, ordnete Lisa die 8 Stäbe folgendermaßen an:

Antwort 160

Das Land wurde in 18 Teile geteilt.

Antwort 161

Rücken Sie B und C bis ans rechte Ende der Reihe neben das Mädchen mit der Trommel. Stellen Sie E und F an den leeren Platz. Rücken Sie mit H und B auf den leeren Platz. Rücken Sie mit A und E auf den leeren Platz.

Antwort 162

Bill Jones erhielt 8836 Dollar, seine Frau Mary 5476 Dollar und ihr Sohn Ned 2116 Dollar. Hank Smith erhielt 16129 Dollar, seine Frau Elizabeth 12769 Dollar und ihre Tochter Susan 9409 Dollar. Jake Brown erhielt 6724 Dollar, seine Frau Sarah 3364 Dollar und ihr Sohn Tom, das schwarze Schaf, nur 4 Dollar.

[Natürlich ist jede Zahl eine Quadratzahl – was durch die Art und Weise, wie das Geld auf die Umschläge verteilt war, zustande kam. – M. G.]

Antwort 163

Es handelt sich um 3 Jungen und 3 Mädchen. Jedes Kind erhielt 1 von den 2-für-1-Penny-Brötchen und 2 von den 3-für-1-Penny-Brötchen.

Antwort 164

Bill Sykes arbeitete $16^2/_3$ Tage und faulenzte $13^1/_3$ Tage.

Antwort 165

[Loyds *Cyclopedia* gibt keine Antwort auf dieses Rätsel. Unbeschriftete Spielmarken auf ein Diagramm zu legen, ist nicht weiter schwierig. Wenn wir uns vorstellen, die runden Felder wären Holzscheiben, die mit einer Schnur verbunden sind, dann können wir die Schnur so legen, daß sie einen großen Kreis bildet, auf dem die Scheiben in folgender Weise angeordnet sind: 1-3-5-7-9-11-13-2-4-6-8-10-12. Jetzt kann man leicht erkennen, welche Strategie befolgt werden muß, wenn man alle 12 Spielmarken auslegen will. Angenommen, wir legen die erste Spielmarke auf 13. Dann muß die nächste entweder auf 4 oder 9 gelegt und dann auf 11 oder 2 weitergerückt werden, wo sie in der oben gegebenen Reihenfolge neben 13 zu liegen kommt. Jetzt muß die dritte Spielmarke so gelegt werden, daß sie an eine Stelle gerückt werden kann, die direkt an eines der Enden der bereits ausgelegten Spielmarken angrenzt; das gleiche gilt für alle weiteren Spielmarken.

Ich weiß nicht, welches Wort Loyd für die zweite Hälfte des Rätsels im Sinn hatte, aber ich nehme an, daß es »Wooloomooloo« war, der Name einer Bucht in Port Jackson, dem Hafen von Sydney in Australien. Heute schreibt es sich mit 13 Buchstaben – Woolloomooloo –, aber anscheinend war zu Loyds Zeiten die Schreibweise mit 12 Buchstaben gang und gäbe, denn er gibt auch bei Beantwortung eines Rätsels mit dem Namen »The Kangoroo Puzzle« (Das Känguruh-Rätsel), das an anderer Stelle in der *Cyclopedia* steht, diese Form an.

Wie Loyd uns wissen läßt, wurde das Känguruh-Rätsel entworfen, um die Tatsache zu unterstreichen, daß jedes Wort eine »ganz besondere mechanische Eigenschaft aufweist, die sich dazu eignet, in einem Rätsel dargestellt zu werden«. Das Rätsel bedient sich folgender Abbildung:

Die Aufgabe besteht darin, ein Wort mit 12 Buchstaben in richtiger Reihenfolge in die obere Kreisreihe zu setzen, und es dann in die untere Reihe zu verlegen. Das geschieht entweder, indem man jeden einzelnen Buchstaben, immer schrittweise einen nach dem anderen, entlang der schwarzen Linien schiebt, oder, wie beim Schachspiel, indem ein Buchstabe über den anderen springt. Am Ende müssen die Buchstaben auf der unteren Reihe das gleiche Wort ergeben. Jedes beliebige Wort mit 12 Buchstaben ist geeignet, allerdings besteht die Aufgabe darin, ein Wort zu finden, das sich in möglichst wenig Zügen versetzen läßt, wobei ein Sprung als ein einzelner Zug gewertet wird. Mit »Wooloomooloo« läßt sich die Aufgabe in 12 Zügen lösen.

Zu Loyds Zeit war Woolloomooloo die Bucht, in der alle amerikanischen Schiffe mit Ziel Sydney anlegten, und den meisten Lesern offensichtlich bekannt. Es ist schwer vorstellbar, daß es noch irgendein anderes englisches Wort geben soll, das »Henry-George-Puzzle« zu lösen. – M. G.]

Antwort 166

Wenn x die Länge der Brücke in Fuß ist, dann steht die Kuh $^1/_2$x — 5 von dem einen Ende und $^1/_2$x + 5 von dem anderen entfernt Der Zug befindet sich 2x vom nähergelegenen Ende entfernt.

Die Kuh legt

$$\left(\frac{x}{2} - 5\right) + \left(\frac{x}{2} + 4\,{}^3/_4\right)$$

in der gleichen Zeit zurück, die der Zug benötigt, um (2x — 1) + (3x — $^1/_4$) zurückzulegen. Diese beiden Zeitspannen reduzieren sich auf (x — $^1/_4$) und 5 (x — $^1/_4$), und wir sehen, daß der Zug fünfmal so schnell ist wie die Kuh. Jetzt können wir folgende Gleichung aufstellen:

$$2x - 1 = 5\left(\frac{x}{2} - 5\right)$$

Das ergibt für x, der Länge der Brücke, einen Wert von 48 Fuß. Bei dieser Rechnung spielt die tatsächliche Geschwindigkeit des Zugs überhaupt keine Rolle, aber wir brauchen sie, um die Geschwindigkeit der Kuh feststellen zu können. Da wir erfahren haben, daß der Zug pro Stunde 90 Meilen fuhr, wissen wir, daß die Kuh mit 18 Meilen pro Stunde gerannt ist.